青少年心理自助文库
励志丛书

辩　证

柳暗花明又一村

刘建华/著

 你是否愿意把辩证思维作为自己
行动的榜样或指南？
这将使你的心智模式经历一次浴火重生。

中国出版集团　现代出版社

图书在版编目(CIP)数据

辩证:柳暗花明又一村 / 刘建华著. —北京：现代出版社，2013.11
(青少年心理自助文库)

ISBN 978-7-5143-1859-3

Ⅰ. ①辩… Ⅱ. ①刘… Ⅲ. ①辩证思维－青年读物
②辩证思维－少年读物 Ⅳ. ①B811.07－49

中国版本图书馆 CIP 数据核字(2013)第 273466 号

作　者	刘建华
责任编辑	刘　刚
出版发行	现代出版社
通讯地址	北京市安定门外安华里 504 号
邮政编码	100011
电　话	010－64267325 64245264(传真)
网　址	www.1980xd.com
电子邮箱	xiandai@cnpitc.com.cn
印　刷	北京中振源印务有限公司
开　本	710mm×1000mm　1/16
印　张	14
版　次	2019 年 4 月第 2 版　2019 年 4 月第 1 次印刷
书　号	ISBN 978-7-5143-1859-3
定　价	39.80 元

P 前 言
REFACE

· ·

　　为什么当今的青少年拥有丰富的物质生活却依然不感到幸福、不感到快乐？怎样才能彻底摆脱日复一日地身心疲惫？怎样才能活得更真实更快乐？越是在喧嚣和困惑的环境中无所适从，我们越觉得快乐和宁静是何等的难能可贵。其实"心安处即自由乡"，善于调节内心是一种拯救自我的能力。当我们能够对自我有清醒的认识，对他人能宽容友善，对生活无限热爱的时候，一个拥有强大的心灵力量的你将会更加自信而乐观地面对一切。

　　青少年是国家的未来和希望。对于青少年的心理健康教育，直接关系到其未来能否健康成长，承担建设和谐社会的重任。作为学校、社会、家庭，不仅要重视文化专业知识的教育，还要注重培养青少年健康的心态和良好的心理素质，从改进教育方法上来真正关心、爱护和尊重青少年。如何正确引导青少年走向健康的心理状态，是家庭，学校和社会的共同责任。心理自助能够帮助青少年解决心理问题、获得自我成长，最重要之处在于它能够激发青少年自觉进行自我探索的精神取向。自我探索是对自身的心理状态、思维方式、情绪反应和性格能力等方面的深入觉察。很多科学研究发现，这种觉察和了解本身对于心理问题就具有治疗的作用。此外，通过自我探索，青少年能够看到自己的问题所在，明确在哪些方面需要改善，从而"对症下药"。

　　如果说血脉是人的生理生命支持系统的话，那么人脉则是人的社会生命支持系统。常言道"一个篱笆三个桩，一个好汉三个帮"，"一人成木，二人成林，三人成森林"，都是这样说，要想做成大事，必定要有做成大事的人脉

前

言

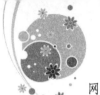
网络和人脉支持系统。我们的祖先创造了"人"这个字,可以说是世界上最伟大的发明,是对人类最杰出的贡献。一撇一捺两个独立的个体,相互支撑、相互依存、相互帮助,构成了一个大写的"人","人"字的象形构成,完美地诠释了人的生命意义所在。

人在这个社会上都具有社会性和群体性,"物以类聚,人以群分"就是最好的诠释。每个人都生活在这个世界上,没有人能够独立于世界之外,因此,人自打生下来,身后就有着一张无形的,属于自己的人脉关系网,而随着年龄的增长,这张网也不断地变化着,并且时时刻刻都在发生着变化:一出生,我们身边有亲戚,这就有了家族里面的关系网;一上学,学校里面的纯洁友情,师生情,这样也有了师生之间的关系;参加工作了,有了同事,有了老板,这样也就有产生了单位里的人际关系;除了这些关系之外,还有很多关系:社会上的朋友,一起合作的伙伴……

很多人很多时候觉得自己身边没有朋友,觉得自己势单力薄,还有在最需要帮助的时候,孤立无援,身边没有得力的朋友来搭救自己。这就是没有好好地利用身边的人脉关系。只要你学会了怎么去处理身边的人脉关系,你就会如鱼得水,活得潇洒。

本丛书从心理问题的普遍性着手,分别论述了性格、情绪、压力、意志、人际交往、异常行为等方面容易出现的一些心理问题,并提出了具体实用的应对策略,以帮助青少年读者驱散心灵阴霾,科学调适身心,实现心理自助。

本丛书是你化解烦恼的心灵修养课,可以给你增加快乐的心理自助术。会让你认识到:掌控心理,方能掌控世界;改变自己,才能改变一切。只有实现积极的心理自助,才能收获快乐的人生。

C目 录
ONTENTS

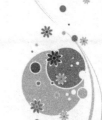

辩证——柳暗花明又一村

第六篇　善与恶，美与丑

第七篇　现实与理想

3

目

录

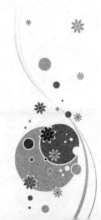

第一篇　德与才，德才相辅相成

在品德与才能二者之中，任你选择一种，你选择哪一种？德与才的辨析，历经几千年不衰，它是有关灵魂深处的探讨。

在当今社会，越来越重视才能的同时，你是否意识到，德才相比，德永远重于才，居于首位；德才相辅相成，缺一不可：用人要德才兼备。

有德无才是君子，有才无德是小人，有德有才是圣人，无德无才是蠢人。

德是做人的根本。根本一环，纵然你有学问有本领，也无甚用处。

并且，没有道德的人，学问和本领愈大，为非作恶的坏影响就愈大。

德是做人的根本

有德无才是君子,有才无德是小人,有德有才是圣人,无德无才是蠢人。

德是做人的根本。根本一坏,纵然你有学问有本领,也无甚用处。并且,**没有道德的人,学问和本领愈大,为非作恶的坏影响就愈大**。

北宋时期,司马光鉴于历史上的用人实践,在《资治通鉴》中系统地分析了历代用人的特点后,得出了较为理性的认识,使德与才的辨析上升到理论的层面。司马光的观点可以概括成一句话:有德无才是君子,有才无德是小人,有德有才是圣人,无德无才是蠢人。这个信条在当今社会依然受用,"德才兼备"依然是人们追求的目标。

有德有才、有德无才、有才无德、无德无才,这四种人究竟都代表着什么呢?

有德有才的人,他既有能为社会和他人作贡献的优秀品德,又具有为社会和他人作贡献的才华。在这种情况下,无论是对于他自己,还是社会,所取得的收益都是最大的。

有德无才的人,虽然有高尚的品德,但是才能平庸。他们有办好事的愿望,但是能力有限,所产生的效益自然不如德才兼备的人,往往是好心办不了好事。

有才无德的人,这样的人既有做坏事的打算,同时还有做坏事的能力。由于其能力强,手腕高,做了坏事也就不容易被人发现,所以说有才无德是小人。

无才无德的人,想做坏事,但是才能有限,做坏事的手段不高明。想做有道德的事情,却又没有能力,他们只能在人生机遇的天平上,左摇右晃。

这几种情况也恰恰验证了司马光的话：挑选人才的方法，如果找不到圣人、君子而委任，与其得到小人，不如得到愚人。

有一个少女，在一个两米高的围墙内被几个坏人围住。假设：德表示救少女的表现；才表示具有跳过两米高围墙的本领及高超的武功。这时，路过一个人：A.有德有才，他会成功救下少女免遭坏人欺负；B.有德无才，他想救少女，但自己无能为力。不过，这时他会想办法找别人来救；C.无德无才，他也想跳进围墙干坏事，但由于能力有限，跳不进圈子，只能干着急。不过，这时他的行为可能会引起别人的怀疑，从而为别人救少女提供间接条件；D.无德有才，他本人也是干坏事的，而且有能力跳进圈子和几个坏人一同干坏事。四种情况中，第四种情况对社会、对别人来说造成的危害最大。

这也说明：在选用人才时，德是最根本的。人们对一个人的评价，是基于品德的。也就是说，这个人即使拥有再高的才能，没有品德，也不是"好人"。对一个人而言，德是灵魂，是向导；才是能力，是工具。如何选择，还需要仔细分析。

在《廉颇蔺相如列传》中，春秋战国，诸侯兼并，那是一个"礼崩乐坏"、靠拼实力的战争年代，"戎事以杀敌为礼"，不是讲德行的年代。赵国相对于秦，属于小国弱国。蔺相如作为弱国之相小国之使，在政治环境非常不利的情况下，还能讲究个人德行，施展个人才干，跻身于名相行列，显露出个人锋芒。可见，人才的成长，是需要德行的。其实，才能与德行的运用，必须视情势而定。

纵观中国历史的发展，我们可以看到有德无才、有才无德、德才兼备的人都曾在特定的历史环境中被使用过。

有才无德是小人，那么当年曹操为何"唯才是举"，大胆用那些有才无德的"小人"呢？ 曹操"唯才是举"也是有历史原因的。乱世中争夺人才，抢占资源，这是一种特殊时期的特殊策略。不过这种"唯才是举"的策略还需要辅之以超强的驾驭管理各类人才的能力和机制，所谓"以道御之"。同样是人才众多,在曹操则是优势,在袁绍则是祸患。到了曹氏集团的后期,奸贤并进的复杂局面逐渐失控。

曹操也并未真的"唯才是举"。可驾驭、可用之人则举;不可驾驭、不可用之人则杀之。孔融因触犯而被杀,杨修因不逊而受害,荀彧以忠汉而遇难,这些都是很值得玩味的。

当形势处于不大明朗的时期,或当斗争的形式将发生决定性的变化时,这个时候最高统治者将选择德行突出、才能或稍差的官员出面来稳定大局,以图进行过渡;这个时期的典型例子就是萧何。萧何其人,雍容大度,善于团结人,不嫉贤妒能,他能够力荐韩信担当大将,让张良陈平随同刘邦南征北战,自己则默默无闻地稳定大后方,为刘邦取得楚汉战争的最后胜利奠定了强大的物质基础。这种时期,德行,对于人才来说是最主要的。

假如此时再继续重用"专门人才",就会造成人心涣散、混乱的局面,不利于形势向有利于自己的方向发展。刘邦很快就以各种借口清洗了韩信等人,而继续重用萧何。

而当政治经济处于大好形势时,统治者需要的理想官员必须同时既能够继续稳定大好局面,又有一定的开拓能力以推动大好形势的发展,即所谓德才兼备的人才。此时已经可以从容地考察和培养后备人才,使其达到德才兼备的标准。但是这种人才肯定不足,而且也不必强求所有的官员都能达到这样的高标准。可以考虑重要岗位必须保证留给德才兼备的官员;其他岗位则可考虑在这样的官员直接领导下,有针对性地选拔才能明显、或德行突出的官吏担当某一方面的具体工作。

这一时期的例子就不胜枚举,凡是取得历史正面肯定的统治时期,如"文景之治""贞观之治"等大好局面,都不可能离开德才兼备官员的佐治。文景时期的"萧规曹随"并不能简单地理解为"无为而治"。"无为"本身就是一种统治智慧,再说,在无为的口号下推行的惠民政策使老百姓得到了"休息养生"的巨大好处。

最合适的例子就是"贞观之治"。"贞观之治"是我国历史上最为璀璨夺目的时期。

太宗十分注重人才的选拔,严格遵循德才兼备的原则。太宗认为只有选用大批具有真才实学的人,才能达到天下大治,因此他求贤若渴,曾先后五次颁布求贤诏令,并增加科举考试的科目,扩大应试的范围和人数,以便使更多的人才显露出来。由于唐太宗重视人才,贞观年间涌现出了大量的优秀人才,可谓是"人才济济,文武兼备"。正是这些栋梁之材,用他们的聪明才智,为"贞观之治"的形成作出了巨大的贡献。

综合上述,有德无才是君子,有才无德是小人,有德有才是圣人,无德无才是蠢人。这句话是根据特定的环境来说的,不是准则。而在现实生活中,上述四种关于德与才的绝对情况是不存在的。实际情况是,一个人要么表现为德多才少,要么表现为德少才多;重用有德有才之人,培养有德无才之人。在这样的情况下,如何选择用人就非常重要。

每一个人的思想和价值观决定其人生态度和性格,做什么样的人的关键是你自己。只要你在自己的生活和工作中,利用自己的长处,弥补自己的短处,让才能提升,注重培养自己的品德,你也会成为德才兼备的人。因为德才兼备不是某个人天生就有的,没有人天生就是坏人、好人或是伟人,是他们在后天的环境中,塑造的思想和性格决定的。

心灵悄悄话
XIN LING QIAO QIAO HUA

有人曾说,一个习惯或者一个动作反复进行两个星期,它就会变成习惯,习惯会慢慢变成思想,思想就会影响道德。所以,要想培养自己的品德,就要注意自己的习惯。大脑就像一台机器,也需要我们过滤有害的东西。

有德的人有大境界

冯友兰说过,精神境界可以划分为三个层次:一是自然境界;二是道德境界;三是天地境界。此第一境界是本来固有的境界,第二以及第三境界则要经过后天的艰苦修炼才可以达到,特别是第三境界,还是一个很难达到的高度。

当今社会形势纷繁复杂,虽然说人的主体意识觉醒了,但是我个人认为,这觉醒了的主体意识又在开始消亡。许多人为了钱权名利,不惜出卖自己最为可贵的精神尊严。在这样的情况下,要达到道德境界已经是一件相当困难的事,更不必说要升到天地境界这样的高度。有的时候表现为自私自利、唯己是任,这有点杨子"拔一毛而利天下不为也"的风范,社会道德在这里变得无力。听说前不久发生过这样的事件:有国家竟公开向联合国发出申请,将中国的"中秋节"作为其"国家世界文化遗产"列入联合国保护项目。这是一件骇人听闻的事件,但是仔细想来,却不难发现,一个国家的道德已经沦丧到如此地步,而作为社会的人,又怎么能去要求其达到这样的道德境界?!

人的道德境界除了要知道自己为什么而生存之外,还应当身先士卒,维护某些既定的社会准则,以达到一种先行后效的效果。中国自古以来便有很多这样的榜样先锋。范仲淹之"先天下之忧而忧,后天下之乐而乐";欧阳修之"与民同乐";杜工部之"安得广厦千万间,大庇天下寒士俱欢颜"等等。我想,这也是为什么中国会成为一个文明古国的重要原因所在。作为一个普通人,达到天地境界要求似乎过于太高,毕竟圣人就是圣人,而且并非谁都可以为圣人的,这要经过后天的艰苦修炼。我们生活在这样一个社会形态之中,只要尽量做到道德境界所需要的要求就算是相当不错了。

哲学是一门相当具备高度的人类学问，如果人类可以从纷繁的用脑量中挪出一部分精力来进行哲学思考，我想一定会收到意想不到的效果；社会的表象往往会使人丧失最真实的本我，做出许多违背客观规律的事来。如果类肯用脑子多想一想生存问题、生存现状，不要说道德境界，恐怕就是天地境界也差不了多少了。

现在路边的乞丐很多，有的人说要对乞丐视而不见，因为他们就是靠着别人的施舍而生活，这滋生了很多人不劳而获的心理，因此有一些人将乞丐当作了职业。也有人说，假若人人冷漠，那些真正需要帮助的乞丐，又该如何解决困境？难道真的像曹操所说"宁让我负天下人，不让天下人负我"般极端？

李勉是唐代肃宗、德宗年间的宗室贤相，唐《国史补》记载李勉做开封尹时，抓了个江洋大盗。犯人被审问时哀求李勉，李勉见他气度不俗就放了他。数年后李勉卸任去河北旅游，到某县发现当年这个囚犯成了当地的县令，于是拜访。县令激动万分，一连十天陪吃陪住，十天后回家对妻子讲："恩公曾救我性命，我该如何报答？"妻子说："给他一千匹绢行吗？"县令说："怕是不够。"妻子又说："那两千匹够吗？"县令说："还是不够。"妻子说："既是如此，那干脆杀了。"县令于是心动，决定动手。他家里的一名仆人心中不忍，跑去告诉李勉。李勉立即乘马逃走。驰到半夜，已行了百余里，来到渡口的宿店。店主人道："此间多猛兽，客官何敢夜行？"李勉便将情由告知，还没说完，梁上忽然有人俯视，大声道："我几误杀长者。"随即消失不见。天还没亮，那梁上人就带着县令夫妻的首级来送给李勉。

这同样是一个忘恩负义的故事，所幸的是前来杀李勉的人获知了真相，而杀了县令夫妻。在物欲横流的年代，农夫和蛇、李勉和江洋大盗的故事不乏其例。因此，许多人在当一个"烂好人"，对任何人都大发善心时，当遭遇背叛和不知感恩的人时，他就将"善心"统统收起来，也开始变得冷漠。

我们对道德的理解都是基于书本，但是一个人只遵循书本上关于道德的教条，就会变得迂腐。

春秋时期，宋襄公借帮助齐孝公即位，将齐国变成臣属国。他又想和楚国联盟，去压服小国。他把这个主张告诉了大臣们，公子目夷不赞成这么办。他认为宋国是个小国，想要当盟主，不会有什么好处。但是宋襄公执意去做，他邀请楚成王和齐孝公先在宋国开个会，商议会合诸侯订立盟约的事。楚成王、齐孝公都同意，决定当年（公元前639年）七月约各国诸侯在宋国盂（今河南睢县西北）地开会。当宋襄公如期赴约时，公子目夷说："万一楚君不怀好意，可怎么办？主公还得多带些兵马去。"宋襄公说："那不行，我们为了不再打仗才开会，怎么自己倒带兵马去呢？"公子目夷说服不了他，只好空着手跟着去。果然，在开大会的时候，楚成王和宋襄公都想当盟主，争闹起来。楚国的势力大，依附楚国的诸侯多。宋襄公最后被楚国扣押起来，后来经过鲁国和齐国的调解，让楚成王做了盟主，才把宋襄公放了回去。宋襄公回去后，心中愤怒，而其临近的郑国国君也跟楚成王一起反对他，更加使他恼恨。宋襄公为了出这口气，决定先征伐郑国。公元前638年，宋襄公出兵攻打郑国。郑国向楚国求救。楚成王派大将带领大队人马直接去打宋国。宋襄公没提防这一着，连忙赶回来。宋军在泓水（在河南柘城西北）的南岸驻扎下来。两军隔岸对阵以后，楚军开始渡过泓水，进攻宋军。公子目夷对襄公进言说："楚国仗着他们人多兵强，白天渡河，不把咱们放在眼里。咱们趁他们还没渡完的时候，迎头打过去，一定能打个胜仗。"宋襄公说："不行！咱们是讲仁义的国家。敌人渡河还没有结束，咱们就打过去，还算什么仁义呢？"说着说着，全部楚军已经渡河上岸，正在乱哄哄地排队摆阵势。公子目夷心里着急，又对宋襄公说："这会儿可不能再等了！趁他们还没摆好阵势，咱们赶快打过去，还能抵挡一阵儿。要是再不动手，就来不及了。"宋襄公责备他说："你太不讲仁义了！人家队伍都没有排好，怎么可以打呢？"不多工夫，楚国的兵马已经摆好阵势。一阵战鼓响，楚军像大坝决口那样，哗啦啦地直冲过来。宋国军队哪儿挡得住，纷纷败下阵来。宋襄公指手画脚，还想抵抗，可是大腿上已经中了一箭。还亏得宋国的将军带着一部分兵马，拼着命保护宋襄公逃跑，总算保住了他的命。宋襄公逃回国都商丘，宋国人议论纷纷，都埋怨他不该跟楚国人打仗，更不该那么打法。公子目夷把大家的议论告诉宋襄公。宋襄公

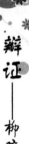

揉着受伤的大腿，说："依我说，讲仁义的人就应该这样打仗。比如说，见到已经受了伤的人，就别再去伤害他；对头发花白的人，就不能捉他当俘虏。"公子目夷真的耐不住了，他气愤地说："打仗就为了打胜敌人。如果怕伤害敌人，那还不如不打；如果碰到头发花白的人就不抓，那就干脆让人家把自己抓走。"宋襄公受了重伤，过了一年死了。临死时，他嘱咐太子说："楚国是我们的仇人，要报这个仇。我看晋国（都城在今山西翼城东南）的公子重耳是个有志气的人，将来一定是个霸主。你有困难的时候，找他准没错。"

宋襄公的"仁"后来被人耻笑为"宋襄之仁"，宋襄公因为太过讲"仁义"，讲"道德"，结果惨败。**他信守的"仁义礼智信"，让他的思想僵化，认为人人都讲仁义，有道德。殊不知，正是这些死板的"道德思想"让他惨败。**

但是宋襄公的仁义品德真的让他没有任何收获吗？不是，在周襄王十五年（公元前 637 年），晋国的公子重耳，在宋国的邻国曹国受到侮辱，来到宋国，宋襄公根据仁义的道理款待了重耳。宋国刚战败，国家贫穷，但仍送出了二十乘车的大礼。这对重耳不是锦上添花，而是雪中送炭。这个仁义的举动为他死后五年化免了一场亡国之灾。五年后又是楚攻宋，晋国出兵救宋，在城濮打得不讲信用的楚国几代不敢正视中原。

心灵悄悄话
XIN LING QIAO QIAO HUA

对别人高尚，别人对你一定高尚吗？不一定，因为有些人将你的"高尚"当作理所应当，而不是怀着感激之心。

近朱者赤,近墨者黑

假如社会能给成长中的青少年提供一个良好的道德环境,并对其加以正确的诱导和教育,并且发挥他们本身的意志力,他们就能自觉地将品质高尚的人作为自己学习的楷模,激励自己不断进取。**"近朱者赤,近墨者黑",与优秀的人交往,受到他们的熏陶,你就能取其精华,具有他们的某些品质;反之,若总是结交那些卑鄙小人,可以说你自身也好不到哪去。**在现实生活中,有的人得到人们的关心和爱戴,真诚地赞美他;也有为数不少的一部分人却是遭人唾弃,被人鄙视,人们唯恐避之不及。拉伯雷在他的名著《巨人传》中就探讨了这个问题。当你和品德高尚的人共处时,你会有如沐春风的感觉,心灵也得到了净化。反之,就会像西班牙有句谚语说的那样:"跟狼一起生活,你只可能学会狼嚎。"

结交庸俗自私的人,很可能在很短的一段时间内,你就会变得跟他们一样自私自利。那些无关自身痛痒的事,一概不感兴趣。此时,你很难形成勇敢坚强、心胸开阔的性格,而保守狭隘、不思进取、优柔寡断却是唾手可得。这样的人,想在今后的生活中有所作为,几乎是不可能的。

相反地,**如果我们经常与优秀的人物交往,也会在很大程度上受益于他们杰出的智慧和丰富的社会阅历。**这不仅能开阔视野,拓宽知识面,也能成为我们生存和不断进取的动力。人们总会将伟人的言行举止作为自己模仿的对象,争取与他们一样优秀。从榜样经历的成功和失败中,我们也可以学到很多东西,受到启发。与强大的人交往,则可以获得力量。与这些聪明有智的人做朋友,能增强我们的决心和信心,使我们更加敏捷、老练、乐观地处理生活中的难题。最重要的是,他们对你养成良好的习惯和高尚的品格也有很大的促进作用。

西摩本尼克夫人曾经说过："我一直都为当初颠沛流离的生活所产生的影响感到懊恼不已。对我而言，最不可容忍和宽恕的是那些罪孽深重而又无悔改之意的人。脱离社会群体，一个人活在角落里，不要说没有机会帮助别人，就连帮助人的意识都已丢失。当社会圈子扩大了以后，我不仅得到了十分丰富的社会交往经验，还能获得别人的理解和认可。慢慢地，你会发现他人身上有许多珍贵的闪光点。而自己的人格在这时也同你们的友谊一起升华。需要注意的是，一定要客观公正地认识自己，只有这样，你才能明确前进的方向，理智地走好人生之路。"

朋友间诚恳坦率的建议、善意的批评，甚至只是无意中的一句劝慰，都会对年轻人产生重大的影响。 亨利·马丁，这位印度传教士就是一个生动的例子。当他尚在初中学习的时候，其中有个朋友给了他最大的帮助。马丁一向都不喜欢体育锻炼，他从不积极参加学校或班级组织的各种活动。所以他的身体很柔弱，而且还有点神经质，脾气非常暴躁。比他稍年长些的孩子常欺侮他，看着被激怒的马丁，他们幸灾乐祸，并乐此不疲。不过，有一个男孩向他伸出了友谊之手，他总是尽力帮助马丁，不仅帮助他打架，还帮他学习功课。因为这个男孩的善良和正直，他和马丁成了最好的朋友。虽然马丁并不是个很有天赋的孩子，但他的父亲仍然坚持要他接受大学的高等教育。在他大约十五岁的那年，为了一份奖学金，他的父亲就试想将他送到牛津大学深造，但没有如愿。

在杜鲁初级中学继续待了两年之后，马丁到剑桥的圣·约翰学院报名注册。出乎意料的是，他和那位初中同学在这里不期而遇，而这位年长的同学成了马丁的指导教师，但他们的友情并没有趋于平淡。马丁的脾气愈发暴躁，而那位好友正好与他形成鲜明的对比。因为他的好友是一个极为沉着冷静的人，他细心地呵护马丁，劝他和教导他要学会控制自己的情绪。这位善良的年轻人还说："这样做并不是为了赢得别人的赞许，而是为了上帝的荣光。"在他的帮助下，马丁很快顺利地完成学业，并且在第二年年终的考试中，他还拿了全年级第一的可喜成绩。虽然，马丁那位优秀的导师自己没有取得突出的成绩，也很少被人提起，不过，他自身的价值并不能被否定。正是他引导马丁对崇高的理想不懈的追求，为马丁后来形成良好的品格打下了坚实的基础。此后，马丁很快就成了印度的一名优秀传教士。

据说，著名的佩利博士在剑桥神学院读书时，佩利给同学和老师们的印象都非常好，既聪明又能干，深受大家喜欢。可在之前读大学时，他却经常被人取笑、嘲弄。因为虽然他有很高的天赋，但却游手好闲，不爱动脑筋、不善于思考，而且他从来没节俭的意识，花起钱来大手大脚。当他升入大学三年级，学业上还是不见起色。

有一次，他在街上游荡了整整一夜，第二天早上，他的一个朋友严厉地斥责他说："昨晚我在床上辗转反侧，一夜都没合眼，就是因为你呀，佩利。论资格，我比你更有条件去挥霍、去游荡，我有足够的时间和金钱。而你呢？不过是一个穷小子，却老是干坏事。你这种行为愚蠢到极点，让我彻夜难眠。现在，我要向你大声宣布：如果以后你仍执迷不悟，不痛改前非，我将为拥有你这样一位朋友感到耻辱和惋惜。"

佩利被朋友的这一席话深深地震撼和感动了。他开始反省自己从前的所作所为，并重新规划了自己的生活和学习。此后，他就像换了一个人似的，做起事来劲头十足、一丝不苟。在年终考试中，他终于打败了竞争对手，获得了最出色的成绩，而且在宗教和写作方面都取得了优异的成就。

榜样对青少年产生重大影响。阿诺德博士对此有清晰的认识。他的努力也没有付之东流，因为他让全校学生的品格都普遍得到了提高。为了实现这一目标，他有自己的一套做法。首先他会主动与学生中的骨干分子进行交流和沟通，用自己高尚的品格影响、熏陶他们，成为他们的偶像和榜样，然后再通过这些学生感染更多的人。阿诺德试图融入学生当中，与每一个学员接触，让他们所有的人都清楚自己肩负的重任和使命。

在阿诺德这种特殊的管理体制下，学生们的积极性被调动起来了。他们充满了自信和力量，感觉到自己被人依赖。但无论怎样，每个学校都有害群之马，拉格比市立学校也不例外。阿诺德校长对此就非常关注，他担心那些庸俗者会带坏其他人。记得他曾对一个副校长说："看到那两个挨在一块的学生了吗？以前他们可没有什么接触。你一定要多加注意，看他们究竟搞什么名堂，千万别出什么乱子。"

所有优秀的教师都应当像阿诺德博士一样以身作则，时刻影响着他的学生。孩子们将会从他那里懂得做人的尊严,这是一切美德的前提条件。阿诺德博士的传记作家评论他说:"他对孩子们的成长有着深刻的影响。是他让孩子们懂得了生活的意义和趣味,明白了什么叫作活力和健康的情操。他那崇高的精神在孩子们的脑子里留下了深刻的印象。即便后来他去世了,这种影响力依然存在,仿佛他依然活在孩子们的身边,和他们共同生活。"因此,阿诺德被人们称为众多品德高尚的人的缔造者,并把他这优秀的品格广泛地传播到世界各地。

杜戈尔德·史第沃特也是一个杰出的人物,他那宝贵的人格也影响了一届又一届的学生。记得科克本爵士对他有一段话:"在我的心目中,是他的演讲开启了我们通往幸福的道路,让我得到真正的解放和自由。他那充满哲理的语言和深邃的思想,展现给我们一个更崇高的境界⋯⋯这些对我们的品格产生了非常重大的影响。"

品格的影响总是渗透在生活的方方面面。它会形成一种氛围,一种格调,鼓舞着我们。

心灵悄悄话
XIN LING QIAO QIAO HUA

同出色的人交往,周围就会充满清新的空气,让你心情舒畅,精神振奋。整个人如同置身于山野之中,沐浴着温馨的阳光,获得无穷无尽的力量。

不要遗弃道德

人类历史每前进一步,都要战胜无数的艰难险阻,而已取得的每一次进步,都与那些思想先驱,伟大的发现者、爱国者,以及各行各业的英雄人物所表现出的无畏的勇气分不开。每一个真理的诞生、每一种学说的认可,都是勇于正视铺天盖地而来的贬斥、诽谤和迫害的结果。海涅说:**"伟人用灵魂说真话的时候,也是他受难殉道的时候。"**

许多人毕生都在寻求真理,他们在浩瀚的典籍中苦苦追寻,终于用辛勤和汗水揭开了真理的面纱。懦弱的人和不幸的人永远只是渴望真理而得不到真理。只有我们的勇士,为真理而战的勇士,才能真正地沐浴在真理的光辉之中,因为他们热爱真理,不惜一切捍卫真理,虽然这转瞬即逝,却是一种最幸福情感的真切体验。

苏格拉底的学说有违于他所处时代的人们的偏见和教派精神,被判饮鸩自尽。他被指控蔑视国家守护神和败坏雅典青年的风气,但是,他凭着道德勇气,勇敢地面对专制法庭对他的控告,也面对那些不能理解他的群氓和暴民。他临死前发表了万古不朽的演说,最后他对法官们说:"我即将死去,而你们还活着,但是除了英明的上帝,谁也不会知道我和你们的命运哪一个更好。"

太多的伟人和英雄死于宗教迫害。布鲁诺揭露了那个时代颇为流行却是错误的学说而在罗马被活活烧死。他面对法庭的宣判,依旧坦然地说:"我如此慨然地接受你们的死刑宣判,你们会因此而害怕吧!"

布鲁诺之后便是伽利略,可能他作为一个殉道者的名声比作为一个科学家的名声还高。他因为提出了关于地球运转的观点遭到教会强烈谴责。七十岁的时候因"异端邪说"被押往罗马并投入监狱。虽然没有遭到严刑拷打，却在狱中度过了余生，死后仍不得安宁，罗马教皇不允许他的尸体入土为安。

罗杰·培根是修道士，因其在自然哲学方面的研究而惨遭迫害，人们指控他的化学研究是玩弄巫术。因此，他的著作被人排斥，本人也遭到十年的牢狱之灾，这期间换过多任教皇。有人说他就死在狱中。

早期的英国思辨哲学家奥卡姆被教皇开除教籍，流放到慕尼黑，幸好，德国皇帝很友好地接待了他。

宗教法庭也将维萨里视作"异端分子"，因为他揭示了人体的奥秘，就像布鲁诺和伽利略揭示了天体的奥秘一样。维萨里用实体解剖来研究人体结构，勇敢地打破了人体研究方面的禁区，为解剖学奠定了坚实的基础，却为此付出了生命的代价。他被判死刑，后来由于西班牙国王的求情，减为千里迢迢去朝觐圣地。可是在他回来的途中，因为发烧和贫困，悲惨地死在了桑德，当时正值他生命的旺盛时期——又一位科学的殉道者。

弗朗西斯·培根是英国鼎鼎有名的哲学家。当时他的《新工具》一书刚发表，就掀起了轩然大波，人们纷纷反对，认为这本书有产生"危险革命"的倾向。有一个叫亨利斯·塔布的博士专门写了一本书痛斥培根的新哲学，（要不是这样，他的大名也不会流传到现在），将所有经验主义哲学家视为"新培根一代"。连英国皇家协会也认为，《新工具》一书所阐释的经验哲学思想会颠覆、动摇基督教信仰。

哥白尼的拥护者被宗教法庭当做异教徒加以迫害，其中一个就是开普勒。他说："我总是站在与上帝命令不一致的一边。"甚至连最淳朴、最没有心机的牛顿（伯奈特主教说牛顿是最纯洁最聪明的人）也因为万有引力定理的发现被判"亵渎上帝"。同样，富兰克林因为揭示雷电之谜而被判有罪。

斯宾诺莎的哲学观点因有违犹太教教义而被逐出教籍，并一直遭到追杀。但他毫不畏惧，凭着勇气自力更生，虽然非常贫困凄凉，但自信丝毫未减。

同样，笛卡尔的哲学被斥为敌视宗教；洛克的学说被说成产生了唯物主义；当今的布坎南、塞奇威克先生及其他资深地理学家被指控有推翻《永示录》中有关地形及其历史的启示的倾向。的确,无论是天文领域,自然历史领域或物理学领域,没有一个伟大的发现没受到偏激和狭隘之人的攻击而被加以"异端邪说"的罪名。

有一些未被控诉为敌视宗教的伟大的发现者,依然受到来自同行和公众的嘲笑和谩骂。哈维博士的血液循环理论公之于世之后,医疗业务锐减,以至于被医学界公认为是个十足的傻瓜。约翰·韩特尔说,他做的仅有的几件好事,都用了极大的努力去克服困难,也用了巨大的勇气去面对各方的反对。查尔斯·贝尔先生在神经系统研究的一个重要阶段曾写信给朋友说:"如果我没有这么贫困,如果我没有遇到这么多的烦恼,我该是多么幸福啊!"他的研究已被列为生物学上最伟大的发现之一。可是,自从他的发现公之于世之后,业务也明显减少了。

可见,那些让我们更加了解天国、地球和人类自身的知识领域的拓展,都离不开过去的各时代中的伟人的热情奉献、自我牺牲和英雄气概。**无论这些伟人被怎样的谩骂和反对,他们依然昂起头勇往直前。**

我们可以从这些不公正地、偏狭地对待科学巨人的事例中得到警示。对于那些认真勤奋、诚实耐劳并毫无偏激地说出他们的信仰的人,我们应该显示出宽容的风度,而不是以势压人。柏拉图说:"世界是上帝交给人类的书信。"所以,认真研读上帝的书信,我们会更加深刻地理解它的真正含义,会对上帝有一个更深入的了解,也更加尊重上帝的智慧和力量,更加感激上帝的恩赐。

这些科学殉道者的勇气是那样令人敬佩,**他们在真理面前无所畏惧,在孤独中忍受一切不公正的待遇,即使没有一丝一毫的鼓励与同情,也决不放弃他们的追求。**这之中表现出来的勇气要比在炮火连天、杀声震天的战场上的勇气高尚得多。在战场上,最懦弱的人也会因战友的同情和军中勇士的激励而勇往直前。随着时间的推移,他们的名字也许会被人渐渐淡忘。在真理的战场上慨然赴死的人是真理最虔诚的信仰者。

这些有高度历史使命感的人,显示出了大无畏的精神,并为我们作了一些可以预见的极其睿智的历史预测。就算是一些温柔贤淑的女子,也决不逊于男子,她们正义凛然,勇气非凡。

安娜·阿斯库被施以脱肢刑,以至关节脱臼,她不吭一声,一动不动,只镇定地注视着施刑者的脸,不愿忏悔,更不愿放弃自己的信仰。拉迪米尔和里德利也没有哀叹自己不幸的命运,而像新娘一样欣然走向圣坛,慨然就义。其中一个愉快地说:"我们今天将在英格兰点燃智慧的圣火,它在上帝的庇护下永不熄灭,它折射出的理性之光将恩泽整个英国。"还有玛丽·戴,一个贵格会教徒,因其对群众布道被施以绞刑。在绞刑架面前,她从容不迫,一番就义演说之后,在平静快乐中死去。

虔诚善良的托马斯·莫尔先生同样具有非凡的勇气,面对断头台神情泰然,就算死也不背弃对真理的信仰。当他下定决心坚持自己的信仰的时候,他感到了前所未有的胜利。因此,他对侄儿罗波尔说:"孩子,我非常感激伟大的上帝,我们的战斗胜利了。"其实,诺福克勋爵早就告诉过他要注意安全:"亲爱的莫尔,与帝王抗争是没有好下场的,帝王一怒之下就可以将城池变成废墟。""真会如此吗? 勋爵先生。不过,我一点儿也不介意,人总是要死的,区别只在于为什么而死和什么时候死。"

托马斯·莫尔不像其他许多伟人们有福气,就算在最艰难最危险的时刻,也没有得到妻子的支持和安慰。他被羁押在伦敦塔期间,他的妻子没有给他一点儿慰藉,她根本不理解他为什么还要被监禁在那儿。那时,只要莫尔对国王点点头,就可以重获自由,就能重新拥有他在切尔西的精致漂亮的住宅,就能再次漫步于他的果园、书室和画廊,就能享受和妻子、孩子的天伦之乐。一天,他妻子对他说:"我真的想不通,在这之前,你一直被认为是最精明睿智的人,而现在却傻到蹲监狱,这又臭又脏的地方,还情愿与耗子为伴。你只要按照主教们的意思做,就可以重见天日。"但是,莫尔的心丝毫未动,反而温和高兴地说:"精致漂亮的住房怎能与我热爱的真理相提并论?"他妻子不屑一顾地蔑视道:"你真是愚不可及,迂腐至极!"

幸好,莫尔的女儿玛格丽特·罗波尔给了父亲无限的安慰和支持。当莫尔的笔和墨被没收之后,他只好用炭给女儿写信,其中一封信中写道:"仅用一块炭就想把你对父亲的关爱以及带给我的安慰写下来,怎么够呀!"莫尔成了第一个坚持真理的殉道者,诚实正直使他付出了生命的代价。他的头被砍下来之后,悬挂在伦敦桥上。玛格丽特·罗波尔勇敢地请求人们把父亲的头还给她，并要求死后与之合葬。很久以后，当人们打开玛格丽特·罗波尔的坟墓时，发现她仍然抱着父亲的头颅。

马丁·路德并没有因为他的信仰而丧命，但是从他反对教皇的那一刻起，随时有失去生命的危险。他刚开始伟大的斗争时，几乎是孤身奋战，形势极为不利。他自己也说："一方是博学、崇高、权贵、才华和尊严；另一方却是可怜无知、仅有少数朋友的威克利夫、洛伦佐瓦纳·奥古斯汀和路德。"当皇帝召他到沃姆斯去为他的邪说作答辩时，人们都劝他不要冒险，可是他却说："我绝不做逃兵，虽然我知道那儿的魔鬼会比这里公开张牙舞爪的魔鬼要可怕得多，但我不得不去。就是龙潭虎穴，我也必须去，我要去浇灭乔治公爵仇恨的火焰。"

路德雷厉风行，立即踏上了他危险的旅程。经过沃姆斯古老的钟楼时，他在马车上高唱"坚固的城堡是我们的上帝"。这是路德在前两天即兴创作的"马赛进行曲"。在路德会见迪埃特之前，一名叫乔治·弗伦得伯格的老军人拍拍他的肩膀说："虔诚、仁慈的修士啊，小心你的言行，你将投入比我们更艰苦卓绝的斗争中。"但是路德回答老兵的仅仅是："我会不顾一切地捍卫《圣经》和我的良心。"

路德在迪埃特面前所表现出来的非凡勇气已载入史册，它是人类历史篇章上最辉煌的一页。当皇帝最后一次劝他放弃信仰时，他坚定地说："陛下，除非《圣经》或其他明显的证据证明我错了，我才会放弃我的信仰，否则，我决不放弃，因为我必须忠诚于我的良心。我要告诉你的是，上帝也赞成我的做法。"

后来，他又在奥格斯堡遭到敌人的百般刁难，可他说："如果我有5万颗脑袋，为了我的信仰，我也宁愿全部失去。"像所有英勇的人一样，路德的勇气随着困难的增加而增加。霍顿曾说："在德国，没有人比路德更视死如归。"我们的确应该把现代的思想自由以及对伟大的人权的维护归功于每个像路德这样的人，但路德的贡献似乎是最大的。

高尚勇敢的人决不会忍辱偷生。保皇主义者厄尔斯·特拉福德走向塔山的断头台时，其坚定的步伐和无畏的精神不像一个被判死刑的犯人，却像一个率领千军万马去夺取胜利的将军。

英国的约翰·埃利奥特先生在同一地点被处以极刑。他说:"我宁可死一万次也不愿背弃我纯洁的良心,它在我心中胜过世上的一切。"最让埃利奥特放心不下的是他的妻子,但他不得不弃她而去。他在赴刑场的路上看到妻子正透过塔楼的窗户注视他,他立即站起来,挥舞着礼帽喊道:"亲爱的,我要去天堂了,却把你留在了地狱。"这时,人中有人喊道:"这是你一生中坐过的最光荣的座位!"他十分兴奋地答道:"是的,你说得太对了。"而且,他在《狱中随想》中写道:"死有什么可怕,生死是人生必经的时刻。死得其所远远强于忍辱偷生。明智的人只有发现生比死更有价值,才会顽强地生存下去。寿命的长短并不代表了人生价值的高低。"

成功是对那些长期坚持不懈、辛勤奋斗的人们的赏赐,可是他们一直在看不到希望的情况下坚忍不拔地奋斗着。他们必定是依靠了勇气的力量才得以生存——在黑暗中播种,在希望中生根发芽,也许有一天就根深叶茂、硕果累累了。崇高的事业总是要经历许许多多的失败才最后取得成功的。很多斗士在黎明到来之前就半路倒下了。因此,成功与否并不是用来衡量是否有英雄气概的标准,那些他们遇到的艰难险阻和在斗争中显示出来的勇气才是衡量是否具有英雄气概的真正标准。

那些屡败屡战的爱国者,那些在敌人得意扬扬的叫嚣声中慨然赴死的殉道者,以及那些伟大的探险者,比如哥伦布,在艰苦的远航岁月里依然保持了一颗顽强的心,他们才是崇高道德的楷模。比起那些完美的显著的胜利,他们有更激动人心的一面。那些在肉搏战中表现出来的勇武行为在他们面前简直微不足道。

但是,无论如何,我们更需要生活中的勇气,比如诚实、正直,它们不像历史事件中所表现出来的英雄式的勇气,而是真实生活的勇气。因犹豫不决和懦弱导致的不幸和罪恶,其实就是缺乏勇气的表现。他们知道什么是对,什么是自己应尽的职责,可就是没有勇气付诸实践。他们软弱而缺乏磨炼,在诱惑面前俯首跪拜,根本没有说"不"的勇气。如果他们交友不慎,就更容易误入歧途。

毫无疑问,坚强的性格出自积极饱满的行动。没有果断的性格,就没有顽强的意志,也就不能抵制邪恶力量的侵蚀,更不用说为善了。

无论什么时候，都不要依赖于他人，否则有害无益。尤其在危急关头，依靠自己的力量勇敢地作出决定才是最重要的，千万不要像马其顿国王一样，在战斗中，以祭祀海格拉斯请求神助为名，撤入附近的一个小镇，让对手伊米纽斯趁机赢得了胜利。

这个道理同样存在于日常生活之中。很多人把勇气挂在嘴上，而不是落实在行动上。他们设计了很多方案，却从未有所行动；准备了很多事情，也从未真正着手，这一切都是缺乏勇敢决断的后果。做比说要艰难得多，但是只有将说的落到实处，才能保证得到自己期望的成果。长篇大论是没有结果的。

迪洛生说过，就算情况再明朗，决断再紧迫，对于那些意志薄弱、优柔寡断的人来说，要作出一个明确的决断，依然困难重重。一心想过新生活，又不付诸行动，就像一个人把吃、喝、拉、撒、睡从一天推迟到另一天，结果自讨苦吃。

很大程度上，道德勇气对抵制这种"社会"不良影响是必不可少的。平凡、庸俗的格兰蒂夫人对社会产生了巨大影响。很多人，尤其是女人，成为他们所属阶级的道德规范的奴隶。

一种无意识的彼此反对的心态在他们中间悄然滋生。他们在各自的圈子里(这个圈子可能是一个部门，也可能是一个等级或阶层)保持遵从着自己的风俗习惯，从不触犯禁忌，甘心将自己封闭在传统习俗与思想的牢笼里。

真正有勇气跳出他们的怪圈进行独立思考的人很少，有的人甚至在负债、破产、痛苦中吃喝挥霍，仍然按照本阶级的礼仪、习惯生活，而不会去找寻适合于自己的生活方式。这种畸形化了的时髦，正表明了格兰蒂夫人的影响的普遍存在。

不仅在私人生活中，在公众场合，人们所表现出来的道德懦弱也相当严重。

势利已经从富人之间蔓延到了穷人堆里。过去，人们只是对地位高的富人阿谀奉承；现在，对地位低下的穷人一样不敢讲真话。如今的政治权力掌握在"大众"手里，讨好"大众"已成了一种社会趋势。他们赋予大众的美德连大众自己都知道不具备。公开阐明事实真相的办法行不通了，只好提一些模棱两可的无法实现的观点以迎合人民群众的口味，从而得到人民群众的拥护。

现在，迎合那些文化水平低下的人显得极为重要。为了得到选票，连身份尊贵、地位显赫、教养极佳的人也不得不去奉承那些愚蠢无知的人。可见，他们是多么厚颜无耻，放弃了准则，抛弃了正义，与那些勇敢高尚的人相比，他们更容易卑躬屈膝，服从于偏见。逆流而上靠的是勇气和力量，而"死鱼"们只能随波逐流。

近年来，这种迎合大众的奴性趋势迅速蔓延，使得许多为公众服务的人员的形象一损再损，良心也越来越具有伸缩性。

人们经常私下一套，公众场合又一套，而且迎合公众的那一套观点在私下里却受到批判。虚伪的派别利益争斗越来越普遍，就连伪善也是极其平常的了。

道德上的懦弱已经扩散到了社会各个阶层。俗话说上梁不正下梁歪，上层的伪善和趋炎附势必定导致下层群众的伪善和趋炎附势。他们会向高处看齐，学会上层人物的推托闪躲与模棱两可。因此，我们还能要求社会下层群众鼓起勇气阐释自己的独特观点吗？给他们个密封的小盒子，让他们享受"自由"去吧。

当今社会，一个人的名望并不意味着拥护和支持，而往往成为反对一个人的依据。俄罗斯的一则谚语说得好："即使是脊梁笔直的人，也休想从荣誉中站起来。"那些追求名利的人的脊柱是由软骨构成的，不管在什么情况下，都能轻而易举地朝各个方向弯腰屈膝，以求得大众拥护，在他们脸上，没有一丝一毫的羞耻之色。

杰勒米·边沁谈及一位著名的公众人物时说："他的政治纲领更多的是来自对少数人的恨，而不是对多数人的爱。他的政治纲领更多渗透着自私自利和反社会的情感。"

没错，这种用阿谀奉承掩盖真相，书写低级趣味的东西，甚至散布阶级仇恨来获得的名望，在正直人的眼中简直龌龊不堪、无耻之极。可是，在我们这个社会中，又有几个人不是这样的呢？

即使在谎言成为一种潮流的情况下，那些品格高尚的人依然毫不畏惧地讲述真理。哈金森的妻子说他从不刻意追寻大众的喝彩，也不会因为大众的喝彩而感到自豪，相反，他更注重去做好一件事。他绝不会为了荣誉而去做一些有违他良心的事，却会去做那些在全世界人眼中都非常卑微的好事。因为他是用事物本身的是非曲直来判断是否应该去做，而不是用世俗的笼统估计和推测来衡量事物本身。

心灵悄悄话
XIN LING QIAO QIAO HUA

当你想放弃努力的时候，决心会拉你一把，并赐予你力量。如果这时候你有一丁点儿的屈服，你就很有可能踏出了自我毁灭的第一步。

第一篇　德与才，德才相辅相成

一个人的修养道德很重要

　　道德和才能就像是树干和树叶,道德是树干,才能是树叶,树干需要树叶来显示盎然的生命,树叶要靠树干才能生存下去。

　　有德比有才重要,还是有才比有德重要? 人们对这个话题的争论从来没有终止过。在当今竞争激烈的社会,是才能第一,还是品德第一?

　　在中国人看来,"学会做人"很重要,即一个人的修养道德很重要。人不学做人,便与禽兽无异。**清朝《拙翁庸语》说:自己肯做人,便是个人;自己不肯做人,便不是个人。自己是个人,别人也把你当个人;自己不是人,别人也就不把你当作人。**从这段话中,我们可以看出,在古人的眼中,一个人是人还是不是人,都与这个人的品德、行为、处事有关。

　　阳虎的学生在天下为官的,比比皆是。可是有一次阳虎在卫国却遭到官府通缉,他四处逃避,最后逃到北方的晋国,投奔到赵简子门下。

　　见阳虎丧魂落魄的样子,赵简子问他说:"你怎么变成这样子呢?"

　　阳虎伤心地说:"从今以后,我发誓再也不培养人了。"

　　赵简子问:"这是为什么呢?"

　　阳虎懊丧地说:"许多年来,我辛辛苦苦地培养了那么多人才,当朝大臣中,经我培养的人已超过半数;地方官吏中,经我培养的人也超过半数;那些镇守边关的将士中,经我培养的同样超过半数。可是没想到,这些由我亲手培养出来的人,在朝廷做大臣的,离间我和君王的关系;做地方官吏的,无中生有地在百姓中败坏我的名声;更有甚者,那些领兵守境的,竟亲自带兵来追捕我。想起来真让人寒心哪!"

　　赵简子听了,深有感触。他对阳虎说:"只有品德好的人,才会知恩图

24

报;那些品质差的人,他们是不会这么做的。你当初在培养他们的时候,没有注意挑选品德好的加以培养,才落得今天这个结果。比方说,如果栽培的是桃李,那么,除了夏天你可以在它的树荫下乘凉休息外,秋天还可以收获那鲜美的果实;如果你种下的是蒺藜呢,不仅夏天乘不了凉,到秋天你也只能收到扎手的刺。在我看来,你所栽种的,都是些蒺藜呀!所以你应记住这个教训,在培养人才之前就要对他们进行选择,否则等到培养完了再去选择,就已经晚了。"

阳虎听了赵简子一番话,点头称是。

这个故事给人的启示就是,人品比才能更重要,在选择培养人才时,应该先判明人品的优劣。

老子的话将中国几千年来"德"的内涵解释得十分透彻。即,对我好的,我友善对待,对我不好的,我也友善对待;这样,就可以获得善良的结果了。**对于讲诚信的人,需要讲诚信;对于不怎么讲诚信的人,同样要以诚信待之,这样,就能树立诚信的风气了。**

然而,在现实的社会中,像"东郭先生和狼"的事情也不在少数。

晋国大夫赵简子率领众随从到中山去打猎。途中遇见一只像人一样直立的狼狂叫着挡住了去路。赵简子立即拉弓搭箭,只听得弦响狼嚎,飞箭射穿了狼的前腿。那狼中箭不死、落荒而逃,使赵简子非常恼怒。他驾起猎车穷追不舍,车马扬起的尘土遮天蔽日。

这时候,东郭先生正站在驮着一大袋书简的毛驴旁边向四处张望。原来,他前往中山国求官,走到这里迷了路。正当他面对岔路犹豫不决的时候,突然蹿出了一只狼。那狼哀怜地对他说:"现在我遇难了,请赶快把我藏进您的那条口袋吧!如果我能够活命,今后一定会报答您。"

东郭先生看见赵简子的人马卷起的尘烟越来越近,惶恐地说:"我隐藏世卿追杀的狼,岂不是要触怒权贵?然而墨家兼爱的宗旨不容我见死不救,那么你就往口袋里躲吧!"说着他便拿出书简,腾空口袋,往袋中装狼。他既怕狼的脚爪踩着狼颔下的垂肉,又怕狼的身子压住了狼的尾巴,装来装去三次都没有成功。危急之下，狼蜷曲起身躯，把头低弯到尾巴上，恳求东郭先生先绑好它的四只脚再装。这一次很顺利。东郭先生把装狼的袋子驮到驴背上，退缩到路旁。不一会儿，赵简子来到东郭先生跟前，但是没有从他那里打听到狼的去向，因此愤怒地斩断了车辕，并威胁说："谁敢知情不报，下场就跟这车辕一样！"东郭先生匍匐在地上说："虽说我是个蠢人，但还认得狼。人常说岔道多了连驯服的羊也会走失。而这中山的岔道把我都搞迷了路，更何况一只不驯的狼呢？"赵简子听了这话，调转车头走了。

当人唤马嘶的声音远去之后，狼在口袋里说："多谢先生救了我。请放我出来，受我一拜吧！"可是狼一出袋子却改口说："刚才亏你救我，使我大难不死。现在我饿得要死，你为什么不把身躯送给我吃，将我救到底呢？"说着，它就张牙舞爪地向东郭先生扑去。东郭先生慌忙躲闪，围着毛驴兜圈子与狼周旋起来。

太阳快下山的时候，东郭先生怕天黑遇到狼群，于是对狼说："我们还是按民间的规矩办吧！如果有三位老人说你应该吃我，我就让你吃。"狼高兴地答应了。但前面没有行人，于是狼逼他去问杏树。老杏树说："种树人只费一颗杏核种我，20年来他一家人吃我的果实、卖我的果实，享够了财利。尽管我贡献很大，到老了，却要被他卖到木匠铺换钱。你对狼恩德不重，它为什么不能吃你呢？"狼正要扑向东郭先生，这时正好又看见了一头母牛，于是又逼东郭先生去问牛。那牛说："当初我被老农用一把刀换回。他用我拉车帮套、犁田耕地，养活了全家人。现在我老了，他却想杀我，从我的皮肉筋骨中获利。你对狼恩德不重，它为什么不能吃你呢？"狼听了又嚣张起来。

这时来了一位拄着藜杖的老人。东郭先生急忙请老人主持公道。老人听了事情的经过，叹息着用藜杖敲狼说："你不是知道虎狼也讲父子之情吗？为什么还背叛对你有恩德的人呢？"狼狡辩地说："他用绳子捆绑我的手脚，用诗书压住我的身躯，分明是想把我闷死在不透气的口袋里，我为什么不该吃掉这种人呢？"老人说："你们各说各有理，我难以裁决。俗话说'眼见为实'。如果你能让东郭先生再把你往口袋里装一次，我就可以依据他谋害你的事实为你作证，这样你岂不有了吃他的充分理由？"狼高兴地听从了老人的劝说，然而却没有想到在束手就缚、落入袋中之后，等待它的是老人和东郭先生的利剑。

东郭先生把"兼爱"施于恶狼身上，因而险遭厄运。在现实的人际关系中，"东郭先生"不少，"狼"也不少。"东郭先生"们拥有高尚的人格，但在帮助"狼"后，却被"狼"反咬一口。

有人说"狼"固然可恨，但它很有智慧，利用东郭先生的同情逃过猎人的捕杀，将绝境变成"利"境，原本控制"狼"生死的"东郭先生"却由优势变成了劣势，变成了"狼"的砧板鱼肉。后来的故事中东郭先生被救，狼被打死，但在现实社会中，有几个"东郭先生"有这样的好运？所以，一些人认为，在复杂的人际关系中，人宁肯做"狼"，也不应该做"东郭先生"。这反映出时下一些人的偏见——才能比品德更重要。实际生活中确有这样的现象，在同等的选拔机会面前，有才能的人比有品德的人的晋升机会更高。人格优秀的人虽然道德高尚，兢兢业业，老实本分，但是他们给企业带来的效益就不如有能力的人带来的效益高。

在古代斗争形势变幻莫测的情况下，必须依靠人的特别才能方能够使己方在斗争中胜出，统治者一般以人的才能为主要条件进行任用，而对其德的要求则次之。如春秋时期的鲁国与齐国之战：鲁国处于明显的劣势，它要想取得战争的胜利，必须使用具有出众能力的军事人才，因此，它选用了"杀妻求将"的吴起。吴起兼具军事战略家和战术家的才能，德行却很差；再如汉高祖刘邦，与项羽斗争的初期，各方面都处于下风，形势极其不利，此时他不但需要经济方面的人才，更需要军事和谋略上的人才。于是他义无反顾地启用了有"盗嫂"恶名的陈平充当谋士，陈平果然有很多奇计妙招对刘邦有很大的帮助；刘邦还坚决拜韩信为大将，而对韩信游手好闲的流浪汉出身的污点并不理会。

后来三国时期的曹操，鉴于斗争形势的需要，高举"唯才是举"的大旗，他的用人哲学是："唯才是举，吾得而用之！"哪怕"负侮辱之名，见笑之行，或不仁不孝而有治国用兵之术"的人才，也都网罗过来为己所用，这种唯才是举的本领即使在今天也是不多见的。

然而，"唯才是举"有其历史限制，那是战场搏杀，不是你生就是我死的环境所逼。如今，我们是在和平的环境下，是为了追求更加美好的生活。**假若在工作生活中都以才能论人生，那么人与人之间就不存在任何友善和信任。**人人都削尖脑袋获得自己的利益，却不管别人生死，这样的人和禽兽有什么分别？无论在何时，我们内心都渴望着结识品德优秀的人，也期望自己人格优秀。有人格的人才会被我们信任。而我们的上司也多愿意选择既能在品格上被信任又有才能的人。有才但无德，始终让他身旁的人心存恐惧，害怕有一日会被人从后面插上一刀。所以，当一个公司招聘员工时，如果有两个人应征一个职位，他们更重视有道德的人，因为没有人想引"狼"入室，即使这只狼是多么的聪明，它也是让人害怕的狼。

所以有良好道德的人比有才更重要。做人需要一生的时间，而做事却每次都不相同。从我们的一生来讲，做人是根本，做事是表现，你有什么样的人格，就会做出什么样的事情。而在生活工作中，你的道德决定了你的人际关系。俗话说"物以类聚，人以群分。"一个人的品质怎样，从他周围的朋友就可以看得出来。

心灵悄悄话
XIN LING QIAO QIAO HUA

德，是一个人或社会好的内在的品格和价值观。老子说"圣人常无心，以百姓心为心。善者吾善之，不善者吾亦善之，德善。信者吾信之，不信者吾亦信之，德信。"

高尚品格的魅力

只有以高尚的品格作为坚实的后盾，生活才会充实丰富，像流淌不息的小溪做着有意义的工作，像厂里机器维持正常的运转。反之，则犹如一潭没有生命的死水，显得枯燥乏味。

性格的各要素要发生作用，得在意志的作用下才能实现，假如再施加以高贵品质的影响，人便会全身心地投入到工作中，不计得失，表现出果敢刚毅的拼搏精神，无意中成为别人争相效仿的楷模。他的言语和思想指导着别人的实践活动。路德就是最有力的证明，就像利希特所评价的那样："他的言语就是动员口号。"的确，路德的每一句话都像号角一样萦绕在德国的上空，鼓舞着一代又一代人。至今，他的品格依然留在德国人心中。

另一方面，如果与正直、善良的美德相背离，强大的力量则很可能成为万恶之源，为非正义所掌握和利用。洛瓦利斯在《论道德》一书中就指出，最完美道德的最强劲和最危险的敌人是最具活力和力量的野蛮人，要是再赋予狂傲、自私，必将成为百分之百的恶魔，给人类带来深重的灾难。

雪利顿说："哪怕是在战场上，他依然表现得仁慈、善良，绝不让刀刃在心灵留下任何污点。"

福克斯也是如此，他以极大的同情心赢得人们的信任和拥护。在民间流传着这样一个故事：有一天，当福克斯正忙着点钞时，有一生意人拿着欠条找他兑现，并建议用眼前的钱来支付。"这哪成，"福克斯不假思索地回答，"这可是要还给谢利敦的钱，一笔用信誉担保的债务。万一我出现意外，他就没办法要回了。"生意人深受感动，说："既然这样，就把我的也转换成信用债吧！"随即就把欠条撕毁了。福克斯为商人的举动折服，对商人的信赖表示感谢，并马上还清了他的债务。喃喃自语："看来，谢利敦又要等待一段时间了。"

学会尊重,无论是对男人还是女人,都是其高尚品质的标志。他们对世代相传的东西,如崇高的理想、深邃的思想和善良的行为都怀有虔诚的敬意。**个人、家庭和民族的安定团结少不了尊重。一旦丢失,人与人之间交往连基本的信任都没有,社会和民族的和平与进步从何谈起?** 是尊重这条纽带把我们紧紧联系在一起。

记得托马斯欧弗伯里爵士曾说过:"具有高尚情操的人,懂得将经历过的事情转换为丰富的人生经验,再用理性思维加以整理和修改,最后付诸行动。"这是深思熟虑的结果,并非一时冲动的盲目举止,而是发自于内心,并不是针对别人。他会格外珍视来之不易的荣誉,把有碍名声的事情拒于千里之外。此外,他也设身处地地为他人着想,给人以足够的尊严。他为真理付出一切,并发誓要像太阳一样,引导着人们正常运转。他与智者为伴,是平凡人的榜样,又是邪恶者的克星。他与时间同在,日子的流逝,不会让他衰老,相反,心灵的力量却日益强大。痛苦与他无关,他尊重所有的人和所有的事。

意志力——一种发自内心的力量,是任何一种高贵品质的灵魂所在。 万物因它而显得生机勃勃,反之则深沉、黯淡和无助。正应验了那句谚语:"意志坚强的人就像峡谷中的瀑布一样,为自己开辟前进的道路。"当然,在开辟道路的同时,他就给别人树立了榜样。他身上所具备的活力、自信和独立,赢得了人们的尊重和崇拜。就像伟大的领袖路德、克伦威尔、华盛顿、皮特和威林顿。

议员帕默斯顿死后,格莱斯顿是这样描述他的品质:"可以肯定,是意志的力量、强烈的责任感和永不退缩的信念,使他成为我们的模范,激励着我们。他晚年与病魔作斗争,靠的就是不屈不挠的意志和勇气。另外,他还是爱憎分明的人,性情率直、疾恶如仇。现在,帕默斯顿先生已经离我们远去了,但他高贵的品格所散发出来的无限魅力,仍深深地影响着我们。好好地学习利用他留下的财富,或许是最好的悼念方式吧!"

犹如磁石吸引铁块一样,杰出的领导总能让具有与自己相同优秀品质的人追随在周围。约翰·穆尔勋爵很早就在一群官员中注意到诺皮尔兄弟,原因是这三兄弟受到人们的推崇和拥护。同时,穆尔儒雅的举止和非凡的勇气,以及公正廉明,也让这三个人倾倒,成为他们的偶像。威廉·纳皮尔勋爵的传记作者说:"穆尔的行为对他们产生了很大的影响,并且被追为偶像。然而,穆尔对他们优秀道德品质的发现,证明了他在品格方面具有过人的洞察力和判断力。"

所有积极的努力具有普遍广泛的感染力和传播力。勇者的行为对于怯懦者来说,是一种鼓舞和鞭策,也是无形的压力,迫使他们采取切实的行动。纳皮尔曾经讲述了维拉之战的一个情景:"在激战中,西班牙军队的中心被乱军冲散,陷入了困境。在千钧一发的时刻,一位名叫哈威洛克的年轻军官挺身而出,挥舞着帽子,号召西班牙士兵随其杀敌。他用力地踢着马,冲过法军的障碍物,闯出了包围圈,与敌人展开殊死搏斗。西班牙士兵深受鼓舞,士气大振。大家勇往直前,齐声高喊:'El chico branco!'(好男儿),经过激烈的战斗,他们取得了最后的胜利。"

日常生活中,不乏类似的情况。**拥有善良和伟大品格的人总能得到特别的信赖和仰慕,并被当成榜样,被人争相模仿,鼓舞着身边的每一个人。**如果身居高官的人都能够精力充沛、品德高尚,那么,处于他领导之下的人都会感觉自己被重视,拥有的权限和力量无形中增长了许多。切沙穆被任命为阁员后,政府的各个部门的职员都受到了其高尚情操的感染和熏陶,加倍努力地工作。这就是来自高尚人格的无限魅力。

众所周知,华盛顿担任总司令时,美军的力量仿佛猛然间就增长了一倍。直到很多年以后的1798年,法国才有向美国宣战的可能。因为那时的华盛顿,由于年龄关系已经隐居在佛农山庄了,不再参与政事。当时的总统亚当斯在给华盛顿的信中说:"我们真诚地希望能得到支持和赞成,继续使用您的名义,因为再多的军队也无法和您的威望相比。"显然,这位伟大的总统的卓越能力和高尚品质在民众中有着不可替代、无与伦比的声誉。

在某些特定的场合,品格就像控制超自然力量的机关,有着神奇般的魔力。意大利杰出的将领庞培曾说过:"我的脚一旦踏上意大利的土地,就会有一支军队随即出现。"正像历史学家的描述:"当隐逸之士彼得的声音传来时,欧洲就会苏醒过来,对亚洲采取猛烈的攻击。"据说,卡利弗奥马尔的手杖,给人比宝剑更多的恐惧。

有些人,连他们的名字都让我感到振奋和精神,就像行军的号角。当道格拉斯在奥本战场上受了致命的伤时,命令士兵们敞开嗓门,全力大喊他的名字。这鼓舞了所有士兵,他们在叫声中重新找回了失落的勇气和力量,获得了战争的最后胜利。直到现在,苏格兰还有这样一句诗:"道格拉斯死了,但他的名字赢得了战争的胜利。"许多人都是死后才得到肯定,产生空前的影响力。诗人麦克雷说:"在遭人突袭后,恺撒老朽无用的尸体横在地上,满是伤痕。然而,这似乎比任何时刻都更有生气和魅力,人们不禁肃然起敬。所有的缺陷和不足化为烟云,消失得无影无踪,只留下纯洁和神圣与他相伴。"与他同样命运的威廉,是奥林奇派的一分子,在德尔夫特被耶稣会的间谍谋杀之后,他崇高的品质就像一面旗帜,激励着他的国民。遇害当天,荷兰政府承诺:"在上帝的旨意下,我们不惜一切代价,定让真相公之于世。"事实证明,他们履行了诺言。

这样的事例举不胜举,无穷无尽。杰出人物本身就像一座矗立着的丰碑,向世人昭示着人格的力量。当他的心脏停止了跳动,生命宣告结束的时候,伟大的灵魂却长驻他们心中,在人类历史上留下永不磨灭的烙印。**他的精神和思想,对未来民族品格的形成有着重大影响,高尚的人格如航海中的灯塔、山巅上的烽火,照亮前进的人们,并传播着优秀的品质,在他的周围营造出良好的气氛。**

真正伟大的人物总是将民族利益放在第一位,受到人们的爱戴就不足为怪了。他们产生的鼓励作用不会受到空间和时间的限制,是整个人类的宝贵遗产,他们创造的辉煌业绩和深邃的思想,是人类最灿烂的文化和财富。他们把现代人和祖先联系在一起,并不断改善现时和未来人们的生活质量,在他们心灵种下了高贵的种子,保持人性的善良和正直。

从本质上说,只有付诸具体实践中的高贵品格才是不朽的。一个人在日常生活中的行为举止最具代表性和说服力。它能经过历史长河,影响数千年后的人们的思维方式。因此,摩西、大卫、所罗门、柏拉图、苏格拉底、色诺芬、塞涅卡、西塞罗和爱比克泰德等,虽早已在墓穴中,却仿佛仍在与我们沟通和对话。尽管他们的思想是被他们还无法理解的一种语言所传达，可他们的魅力就如汹涌的潮水般，令后人无法阻挡。西奥多·帕克曾经说过，无数个南卡罗来纳这样的州，也不及苏格拉底一个人。对整个世界而言，苏格拉底的价值和意义远超它们的总和。

伟大的劳动者和杰出的思想家历来是历史的真正创造者。他们用优秀的人格和品德书写历史。出色的领导者、国王、牧师、哲学家、政治家和爱国者，通常都具备真正的无比高尚的品格。卡莱尔先生曾说，归根结底，我们人类的全部历史，就是伟大的历史。他们的身上记录着整个国家和民族生活的各个纪元，象征着新时代的开端。尽管多数情况下，他们都是积极主动的影响历史，他们也可能会受到反作用。在很大程度上，他们影响着公众的意志，然而，他们的思想也无法摆脱时代的影响，是历史的产物。其中最突出的那部分，在群众中广泛传播，并能化为实践行动。他们甚至对社会制度都有不容忽略的影响。如：穆罕默德的伊斯兰教教义的作用，加尔文对清教徒气质的作用，洛拉耶稣会教义的作用，福克斯对教友派教义的作用，还有韦斯利对卫理公会派教义的作用和克拉克森对奴隶制度废除论的作用。由此，我们可以说，每一种制度实际上都是伟人杰出思想的缩影。

伟人的思想总是深深地烙在他们生活的时代和民族身上。就像德国人身上有路德的影子，苏格兰人身上有诺克斯的影子，而对意大利影响最深的是但丁。他像夜间的萤火虫，在黑暗中，带给人们一点光亮和一线希望，把意大利从困境中解救出来。他那燃烧着激情和智慧的诗句，唤起了人们的斗志。他的心中充满了温柔、无私的爱，吸引了大量读者，深受敬爱。作为最具民族特色的诗人，他的作品流芳百世，影响整个民族的发展进程。1821年，拜伦写道："意大利人，谈论的是但丁，描述的是但丁，思考的是但丁，梦想的仍是但丁。或许有些偏激和片面，但他确实是值得人们这般的信赖。"

"时势造英雄"，不同的时代会有不同的优秀人物出现，前赴后继，为社会作出了贡献。从阿尔弗雷德到艾伯特之间，最有影响力的应该是介于伊丽莎白和克伦威尔统治时期的杰出人物。有莎士比亚、汉普顿、比姆、艾略特、瓦纳、克伦威尔等等。他们或者拥有非比寻常的力量,或者具有无比崇高的品格。这些人的灵魂早已融入英国的公众生活中,他们的生平事迹被视为最珍贵的历史遗产。

因而,华盛顿留给人们的诚实、正直、伟大和崇高的人格,是最有价值的财富,他是大家心中完美无缺的偶像和榜样,是国家力量的源泉。他通过自己的示范作用,支撑起整个民族。正如一位很有才华的作家写道:"伟人以及他所拥有的一切都是民族的财富,哪怕是孤立、颠覆、被抛弃,甚至是推动奴隶制,也无法将他这份神圣的财产剥夺……任何时候,人们都缅怀死去的英雄。假如能以这些光辉的形象来激励自己,国家就会繁荣富强。这些伟人是人类的精英,与世长存。他们的后代循着足迹,做着同样的事情。他们是国民的先锋模样,鼓舞着善良而正义的民众不断实践。"

评价一个民族的品质,主要考虑两方面的因素,即伟人的品格和在国民主体中产生影响的品格。华盛顿、埃尔文参观艾博斯福德时,向他的很多朋友介绍瓦特斯科特勋爵,其中不仅有附近的农场主,也有辛勤耕种的农民。埃尔文说:"我想让你看普通而又优秀的苏格兰人。真正的苏格兰民族精神并不是一个优秀的人就能代表的。而是你在任何地方遇到的任何一个苏格兰人,都具备同样的品格和精神。"虽然一个社会的思维能力,可以由几个政治家、哲学家和神学家代表,但普遍的劳动群众和开办工业、创造新职业的人,才是一个国家和民族的主体力量,才是整个民族和社会的真正栋梁。因为他们的存在,国家和民族才能获得源源不断的力量。

任何民族和个人一样,需要维护自己鲜明的品格特征。在一个制度的国家里,社会各阶级都行使着一定的权力。但民族品格的形成是基于大多数人的道德品格的意愿。这种品格既决定他们个人的品格,也决定了整个民族的品格。设想一个没有诚信、正直、果断、善良和勇敢等美德的民族,如何立足于世界民族之林?他们将遭到其他民族的鄙夷和轻视。

维持一个民族的品格,单靠制度是行不通的,不管它自身有多完美。而人们高尚的精神,对民族美德的形成和保持却有着决定性的作用。因此,教育是治国的长久之策。只有每个国民都具有优秀的品质和道德,才会形成高尚的民族性格。否则,人们自私自利、道德败坏又虚伪,他们就无法真正地团结在一起，无法发挥民族的凝聚力，也就很容易受人控制。

防止实行独裁统治的最有效、最可靠的方法是保证个人的自由和进步、纯洁和善良。没有这些作为屏障，民族的精神风貌会如何，自由又从何谈起？再强有力的政治权力，也无法让一个个体堕落的民族变得高尚。保障公正的参政权，就需彻底贯彻公众参政制度，这个国家的政府和法律才能体现其民族真正的品格。如果政治是建立在个体的不道德的基础上，肯定不存在任何稳定形式。他们拥有的一切，会被其他民族所鄙夷、丢弃。

民族和个人一样，需要在从属于他的优秀种族中获取情感慰藉、寄托和能量。他们需要有辉煌的历史，让自己的荣耀永远保持下去，影响每一代人的生活。让先人坚定不移的意志和勇往直前的追求与魄力成为后人最珍贵的财富之一。民族犹如一个拥有丰富社会阅历的人，走上正道，就会促进社会的进步和发展，反之，也会导致迷惑和空想泛滥。但在经受挫折和磨炼的同时，整个民族得到净化，变得坚不可摧，创造出最辉煌的篇章，对民族品格形成最深刻的影响。

如果要客观公正的评价一个民族，不是根据它疆域的大小，而是根据生活于其中的民众。面积辽阔和富强经常混为一谈，就不尽准确。虽然拥有广大的土地，一定程度上反映了民族的强大，但二者并没有必然的联系。一个伟大的民族，不一定占有广阔的地域，而疆界和人口都广大的民族，未必就能称得上伟大。以色列民族就很小，但对世界的格局却产生很深远的影响。希腊也不大，阿提卡的所有人口比南开郡的人口还要少，雅典也无法同纽约相比，然而，希腊在艺术、文学、哲学和爱国主义方面的成就却是无可比拟的。

而雅典却走向了衰落。因为它有一个致命的弱点，公民没有一个真正的家，更没有家庭生活可言，它的奴隶数量也大大超过了自由民。它的公民，在道德方面，即便不是腐败堕落，也可以说是松散无度；它的女性，即使在事业上取得很大成就，品行也极为放荡。所以，一开始它就注定要走向衰落，甚至比它的兴盛来得更突然。

罗马也同出一辙，在人民普遍的堕落和贪图享乐中走向了没落。在罗马帝国晚期，工作、劳动被认为是仅仅适合于奴隶的行为。他们丢弃了祖

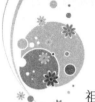
祖辈辈流传下来的美德，罗马帝国失去全部的生存活力。老波尔顿说过："他们宁可在战争中不断地流血，也不愿在劳动中滴下任何一滴汗水。"这样的国家必然会被勤劳而又充满活力的民族所征服和取代。

路易十四曾经问过大臣科尔伯特一个问题，为什么他能够统治像法国那样强大的国家，却无法令荷兰这样的小国臣服？大臣回答说："陛下，国家的繁荣和兴旺并不取决于它的领土是否宽阔，而是人民的道德情操。荷兰人具有勤奋、节俭、不屈不挠的高贵品质，这是您不可逾越的障碍。"

总而言之，个体稳定的品格是社会制度稳定的基础。堕落的个性无法组合成一个伟大的民族，哪怕它表面上看起来高度文明，一有灾难就会四分五裂、土崩瓦解。

心灵悄悄话
XIN LING QIAO QIAO HUA

在人的品格形成过程中，榜样扮演着重要的角色。但最终的决定性因素是个人的源源不断的创造能力和坚持不懈的努力。后者是根本动力，能够给人类带来独立的无尽的力量。伊丽莎白时期的诗人丹尼尔说："只有不断地挑战自我，人们才能具有超常的生命力。否则，人生为何存在！"

虚怀若谷，成就自己

谦虚的人，常能看到别人的长处，骄傲的人，只能看到别人的短处。

法国资产阶级启蒙思想家孟德斯鸠曾经说过："谦虚是不可缺少的品德"。

古人云："满招损，谦受益"。忠告世人要虚怀若谷，对待别人和事情不能骄狂，否则就会让周遭的人厌烦。

杜拉斯是法国著名作家，同时她也是积极地参政者。1943年，她参与了一个反维护希特勒政权的集会。集会触痛了当时政府的软肋，所有参与活动的人，都受到警方的追捕，杜拉斯也准备到小城格勒诺布尔暂避。

火车包厢里还坐着三个人，一对母女和一个男人。男人叫布拉瑟，是当时法国的一个演员，他一眼就认出了杜拉斯。

布拉瑟曾在报纸上抨击过杜拉斯的新作《无耻之徒》，说小说里充斥着恐惧和欲望，是对孩子神圣心灵的亵渎。在包厢里，布拉瑟仍不依不饶，大声阐明自己的观点，并对杜拉斯提出建议，希望她能改进。

杜拉斯并没有生气，微笑着说："很高兴您能仔细读完这本小说，我还以为没有人想看它呢。"说完，对面的孩子笑了起来。杜拉斯说这是她独立完成的第二部小说，以后会继续写下去，希望布拉瑟先生能坚持给出中肯的意见。

杜拉斯的话，让布拉瑟对她刮目相看，他曾以为杜拉斯只是个爱出风头的姑娘。于是，一改以前看不起她的态度，两人一见如故，在包厢里谈着见闻。

突然，两个军官冲进了包厢，要查看他们的身份证明，布拉瑟起身和军

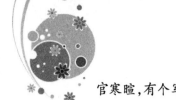

官寒暄，有个军官表示很喜欢他的表演，另一个军官似乎认出了杜拉斯，朝她望去。

"先生，这是我太太，请允许我介绍一下。"布拉瑟搂着杜拉斯朝军官说，两个军官犹豫了一会儿出去了，布拉瑟以法国人特有的浪漫帮杜拉斯渡过了困境。

有真才实学的人往往虚怀若谷，肯接受别人的批评；而不学无术的人常常自以为是。睿智聪颖的人会在别人的批评中寻找出口，愚蠢的人则在批评声中怨天尤人。杜拉斯的谦虚谨慎赢得了别人的尊重，处于困境时得到了别人的帮助。

在我们的工作中，任何人都不喜欢骄傲自大的人，这种人在与他人合作中也不会被大家认可。你可能会觉得自己在某个方面比其他人强，但你更应该将自己的注意力放在他人的强项上，只有这样，你才能看到自己的肤浅和无知。因为团队中的任何一位成员，都可能是某个领域的专家，所以你必须保持足够的谦虚。谦虚会让你看到自己的短处，这种压力会促使你在团队中不断地进步。

其实，人和人没有本质上的区别，就像一句谚语中说的那样："光滑的瓷器来自泥土，一旦破碎就归于泥土。"再高的学历也只代表过去，而只有学习力才能代表将来。尊重有经验的人，才能少走弯路。一个好的团队，也应该是学习型的团队。

正如一个人初到一个新的单位，没有方向是很正常的，但要学会尊重同事，虚心求教。刚到公司，所有的工作对你来说都是陌生的，因此多向同事求教是进步快的方式。要有一种从零做起的心态，放下架子，尊重同事，不论对方年龄大小，只要比你先来公司，都是你的老师，你只有虚心请教，不断学习加上埋头苦干。

谦虚可以使你永远把自己置于学习的地位，并有助于发现他人的优点。但是，谦虚绝不是通常意义的客套与虚伪，也不是遇到工作时的退缩与推诿，更不是所谓的韬光养晦、深藏不露。如果公司需要你发挥自己的能力，并且你也有这样的能力，你必须知难而进，当仁不让，决不能把谦虚作为推卸责任的借口。

谦虚的人恪守的是一种平衡的关系,即让周围的人在对自己的认识上达到一种平衡的心理,不让别人产生自卑或失落。非但如此,谦虚有时更能让别人获得希望得到的优越感。因此,谦虚的人比别人不容易受到排挤,能较容易地被社会所认同和接受。

谦虚使人进步,骄傲使人落后。这是亘古不变的真理。

发明家爱迪生有过一千多项改变人们生活的发明,被称为"发明大王"和"一代英雄"。但是在他晚年时期,由于越来越骄傲自恃,使得他在自己最自豪的领域里犯了大错误。他固执地坚决反对交流输电,一味坚持直流输电,结果导致惨败,原来以他的名字命名的公司不得不改为"通用电器公司",而实际上发展、运用交流输电的威斯汀豪公司至今保留着。

有许多的错误是在无知中产生的,但也有许多的错误是在骄傲时产生的,是被胜利冲昏了头脑,评判的天平就会失衡。所以即使取得一定的成绩,也不应该沾沾自喜。

成功总会让人们心中充满巨大的喜悦,以至于一段时间的欣喜若狂是可以理解的。但是如果因为自己的成功一直欣喜若狂,人们就会说他是个疯子。他所表现出来的骄傲和得意,也只会让人们厌烦。

如果为自己成功得意只是一个优胜者良好的心态,而且能够从此更加勇敢向前,这当然是一种健康积极的心态。在这种心态下,能够不断地取得成功。但是一般来说,不谦虚的人很难将自己的感觉把握在这个境界,他只会认为天外无天,变成坐井观天的青蛙。

自满得意的人常常无法摆正自己的位置,他们常常认为自己站在一个无人匹敌的位置上,当他们猛然清醒的时候,才发现自己所站的并不是高处,甚至是低处。

当你骄傲的时候,如果你可以看到自己的劣势,从而走出骄傲的光环,你会发现,原来自己要走的路还很长。

谦虚其实是一种心境,待人谦虚能得到更多的朋友;谦虚是一种修养,谦虚的人会得到比别人更多的机会;谦虚是一种幸福,是对人生的一种透悟;谦虚是一种智慧,懂得运用谦虚的人将赢得更多的成功。**在我们的人**

生路上保持谦和的态度,将帮你赢得良好的人际关系,赢得成功。

但是不是遇到什么事情都要谦虚,过度的谦虚只会是过度的虚伪。在平时,以真诚的谦虚待人,博得大家的好感,为自己事业的腾飞奠定基础,一旦机会来临,就能利用谦虚所带来的机遇和名望,一蹴而就,达到目的。

如果你在任何时候、任何地方,留给人们的都是些美好的东西——鲜花、思想以及对你的非常美好的回忆——那你的生活将会轻松而愉快。那时你就会感到所有的人都需要你,这种感觉使你成为一个心灵丰富的人。你要知道,给永远比拿愉快。

在一场激烈的战斗中,上尉忽然发现一架敌机向阵地俯冲下来。照常理,发现敌机俯冲时要毫不犹豫地卧倒。可上尉并没有立刻卧倒,他发现离他四五米远处有一个小战士还站在那儿。他顾不上多想,一个鱼跃飞身将小战士紧紧地压在了身下。此时一声巨响,飞溅起来的泥土纷纷落在他们的身上。上尉拍拍身上的尘土,回头一看,顿时惊呆了:刚才自己所处的那个位置被炸成了一个大坑。

在我们的人生道路上会遇到各种困难,但是我们是否知道,在前进的路上,搬开别人脚下的绊脚石,有时恰恰是为自己铺路?

在日常生活中,小到一张纸和一支笔,大到与朋友、同事、领导相处,难免有人需要别人的帮助。在别人处于困难的时候,如果我们能主动帮助他们,得到的可能不仅仅是感谢的话,更有可能得到他人的信任,进而增进相互之间的了解,拉近彼此的情感,生活才能开心,工作才能顺心。

热心帮助别人,结果常常是双方受益。不愿给别人提供服务的人,别人也不愿给你提供方便。人们的不幸往往就在于,不需要别人帮助的时候,想不到去帮助别人,然而一旦需要别人帮助的时候,才想起应该还先去帮助别人一把,可是那时已经晚了。

一个人和上帝讨论什么是天堂和地狱,上帝便让他看了两个场景。一个是一群人围着一大锅肉汤的房间。每个人都看起来营养不良、绝望而饥饿。每一个人都拿着一只可以够到锅的汤匙，但汤匙的柄比他们的手臂长，无法将食物送进嘴里，他们看起来十分的痛苦。他们又来到另一个房间，同样的一锅肉汤和一群饥饿的人们，还有一把和第一个房间里同样长的勺子。但是这里的人们却很快乐，因为他们相互用自己的汤匙舀肉去喂对方。

这就是天堂与地狱的差别，因为自私，而不肯去帮助别人，不肯为别人牺牲即使是很微小的利益，结果是害人害己，让自己失去得更多。其实，只要在别人需要帮助的时候伸出一只援手，那么你在陷入危机的时候也会得到别人的帮助。

帮助别人就是帮助自己，当你在为别人付出的时候，本身也会体验到快乐，因为付出本来就是一种快乐。 在为别人付出爱心的时候，你就在为别人的心中种下了一片希望，总有一天你会看到那希望变成累累的果实回馈给你。

有人说，帮助别人成功，是追求自己成功最保险的方式，我们每一个人都有能力帮助他人，一个能够为别人付出时间和心力的人，才是真正富足的人。

成功从来没有固定的模式，幸运也不会自己来光顾你，只有靠自己去寻找和争取。有的时候，在给别人帮助的同时，其实也是在为自己创造最好的成功机会。

心灵悄悄话
XIN LING QIAO QIAO HUA

　　总的来说，帮助别人就是：利人利己的事大胆去做；利人损己的事量力去做；损人利己的事绝对不能做；损人损己更不能去做。

第一篇　德与才，德才相辅相成

第二篇　个人活动与人生评价

　　人们往往发现，对一个人的评价有许多种，有好的，有坏的。特别是在网络发达的今天，对个人的评价，没有一致的观点。如何对待各种评价？特别是对重要历史人物的评价，站在不同角度和地位对他们的评价都不一样，有的甚至是截然不同的评价，如果个人不知道对错，就可能影响到个人的发展。

　　通常根据需要的起源，把人的需要分为生理性需要和社会性需要；根据需要的对象，可分为物质需要和精神需要；根据需要的内容，可分为生存健康需要、学习工作事业需要、婚姻家庭需要、交往休闲娱乐需要和其他需要。

个人活动源于个人的需要

个人活动的动力源于个人的需要,心理学上说需要是人脑对生理需求和社会需求的反映。人为了求得个体的生存和发展,必然需求一定的事物。例如食物、衣服、睡眠、劳动、交往等,这些需求反映在个体头脑中就形成了个人的需要。需要被认为是个体的一种内部状态,或者说是一种倾向,是产生动机的原因,它反映了个体对内在环境和外部生活条件较为稳定的要求。需要对情感和情绪影响很大,人对客观事物产生情感和情绪,是以客观事物能否满足人的需要为中介的,凡是能够满足人需要的事物,则产生肯定的情感和情绪,否则产生否定的情感和情绪。**需要推动意志的发展,个体为了满足需要,从事一定的活动,要用一定的意志努力去克服困难,人在克服困难的过程中,锻炼了意志。**

生存健康活动

生存与社会现状有直接联系,生存包含了对安全的要求,如果所在国家、地区有战争或恐怖活动,对个人的影响就会非常大。每个人都希望生活在适宜居住的环境中,每个人出生以后都面临生存的问题,在个人独立生活之前,由父母或其他抚养人负责;自己独立生活后,生存的问题要自己考虑,生存活动完全是满足生理的需求,简单地说就是吃饱穿暖有住处。生存是人进行其他活动的前提,生命受到威胁时,个人的需要降到最低标准,其他的需要都可以不要,生存成为个人的第一需要。当个人经历过死亡的威胁后,更能理解生命的含义,对人生观有重大影响。健康的身体是人们进行各种活动的基础,只有身体健康才能更好地从事其他活动。健康正成为一种时尚的理念,多数人都认识到健康的重要性,如何获得健康? 什么是科学的生活方式? 关于健康的话题到处都是,各种健康活动代替了许多人的其他活动。要时刻注意生理健康,它是个人活动的基础。一个人生理不健康,不能满足社会生活,是非常苦恼的一件事,就无从谈起其他的目标,因此生活就要保证生理健康,但生理健康又依赖于心理健康,要求个人做到心理健康。

学习工作事业活动

学习是每个人必需的,是个人能力提高的手段,是生活的先决条件,不学习就不能生存在社会上,每个人都应该接受教育,它是个人工作的前提,学习对人生有重大影响。**工作是谋生的手段,就业是个人的重要活动。**个人工作时间约占人生的一半时间,正是人生的黄金时间,工作伴随着个人的成长、成熟、衰老,是生命的重要组成部分,因此工作的感受对人生有重大的影响。高尔基说:"工作如果是快乐的,那么人生就是乐园;工作如果是强制的,那么人生就是地狱。"如果不喜欢个人的工作,生活就会显得枯燥烦恼,因此择业是人生的重大选择。现在由于就业机会的限制,竞争变得较为激烈,个人无法按自己的爱好来选择职业,就业的过程是个人能力比较的过程,相对个人能力强就选择好的职业,个人能力弱的只能选择差的工作。在现阶段,找一个自己满意的工作不容易,主要有以下几个方面原因。

第一,工作的选择不以个人的意志为转移。当今社会经济飞速发展,社会局势不断变化,生产效率越来越高,需要就业的人数远远大于就业的人数,物质资料的总需要量是一定的;以现在的生产效率计算,需要工人的总量是一定的,需求工人的总量与可用劳动力的总人数不是平衡的,可用的人数要大大超过需求人数,因此工作不是人人都有的,要注定有一大批人处于失业或半失业的状态,这个状况是现阶段无法避免的,因此就业竞争就显得比较激烈。

第二,由于上述的原因,需要工作的人数要高于就业的人数,竞争的压力很大,个人从事的工作与个人喜欢的工作大多不可能一样。在社会上,人们总是希望得到体面的管理工作,个人工作的选择是由个人能力和社会需要来决定的,相对个人能力强的处于社会的管理阶层,个人能力弱的处于被管理阶层,这就决定了部分人从事的工作是被动的。

第三,现代社会竞争加剧增加了人的心理压力,长时间高负荷的工作,许多人厌倦自己的工作,出现工作倦怠,严重时产生焦虑症和抑郁症。为了生存又没有办法只能强迫自己从事某种工作,对人的心理生理都是一种伤害,即使当初选择了一个个人认为是好的工作,随着内外部条件的变化也可能会改变当初的看法,不喜欢现在的工作。

在选择职业的同时要考虑自己的爱好,尽量选择自己喜欢的职业,如果认识到以上的规律,找不到自己爱好的专业也可以选择其他行业,工作是第一位的,有了工作才有其他的可能。**心理学上有一种注意,叫有意后注意,人在从事某种活动,先开始用意志强迫参与,随着活动持续到后来可能会喜欢上这种活动。**许多人一开始也不知道喜欢哪个职业,先选择一个工作就业,20世纪五六十年代中国有一个口号,叫干一行爱一行,现在讲以人为本,提倡爱一行干一行。现在这个阶段,重提"干一行爱一行"有重要意义,表现出来对社会规律的认识和服从。对工作的满意不满意,在很大程度上决定对生活的态度,影响到幸福。

事业是个人的追求,是自己爱好的表现。许多人的事业是从工作中发展起来的,有一部分人觉得事业是个人满足了生存条件后的最大追求。事业是在个人爱好的前提下发展起来的,事业是一个人终生为之奋斗的职业,事业的成功标志着人生的成功。事业往往和目标联系起来,没有目标的事业是不可能获得巨大成功的,一方面靠自己的努力,一方面要看社会的需要,两者缺一不可。工作和事业有联系也有区别,事业与工作的差别表现在以下几个方面:

第一，事业对个人来说是积极主动的，工作是被动的，事业比工作更高一个层次。迫于生存的压力，人人都得有工作，有收入来支配必需的消费。

第二，工作与事业常常联系在一起，许多人的事业是建立在工作之上，个人非常喜欢自己从事的职业，以工作为乐趣，在工作上常常提出明确的目标作为个人的追求，工作和事业融合为一体。如果个人不喜欢自己的工作，只是为了生计才从事自己不喜欢的行业，对工作往往表现出无奈。

第三，与工作无关的事业往往需要有一份工作来支撑。有的人事业刚刚起步的时候可能不会带来收入，相反需要投入，这就必须有一份赖以为生的工作支撑。当事业发展到一定阶段，有所收获能创造效益的时候，个人才可能完全转入到事业的追求之中；另外有部分人的事业是公益性的，必须有一份工作支撑，才能使自己生存下来，更好地去从事帮助他人的事务。

心灵悄悄话
XIN LING QIAO QIAO HUA

由于社会进步，当前个人生存基本没有问题，个人生存的需要已被其他需要所掩盖。在满足了生存的前提下，健康又显得极为重要，已引起人们的重视，现在人们更加注重生活质量，健康成了个人的第一需要。

付出与回报

付出是个人活动,付出是对某个对象耗费一定时间、精力及财物的活动,任何一个活动都可以看作是付出。人生不停地活动,就不断地付出,有付出就有回报。付出是原因,回报是结果,有因必有果,好的付出有好的回报,坏的付出有坏的回报,不付出就不会有回报。**付出既然是活动,因此付出要遵循活动的规律,按照规律的付出,才能得到好的回报,不按客观规律付出,往往事倍功半,付出与回报的关系体现在几个方面。**

(1)有付出必有回报,回报是付出的结果,不付出就不会有回报。西方有个谚语:天下没有免费的午餐。就是这个道理,不工作就不能独立生活,幸福不会从天降。回报是付出的结果,是付出的体现。每个人时刻在付出,又时刻体验着回报:一日三餐保证个人精力充沛,精力充沛可以从事正常工作,工作可以得到工资,工资用来购买生活用品。高质量的付出事半功倍,不科学的付出事倍功半,做什么事要努力找出活动的规律,争取做得又好又快。

(2)付出的质和量决定回报的结果。付出存在两个衡量指标,一个是付出的质,按照规律付出,是付出的方向,叫作付出的质。个人活动首先保证付出的方向要正确,付出的方式方法要科学,是高质量的;另一个是付出的量,在某种方向上付出的多少、多长时间、多少精力财物是付出量的问题。付出只有质高量大,回报才能按照预期的目的。付出如果不按照活动的规律,付出的方向方式错误,可能个人觉得是善意的付出得到的却是恶意的结果。比如对孩子的溺爱,什么事都依着孩子,表面上是对孩子好,往往导致孩子心理上的不健康,容易使孩子养成任性、自主性差等缺点,长大后可能对父母不孝顺。个人觉得付出了很多,回报却不尽如人意。付出的

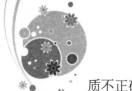

质不正确,得到的回报往往事与愿违。

(3)回报可以转移。意思是说回报可以体现在与之关联的其他人身上,祖辈的功绩往往可以影响到下一代甚至是下几代,这就是回报的转移。付出是个人的行动,回报并不完全是个人的事,回报存在转移的现象,并且这个现象很普遍。由于一个人对社会付出很多取得成功,拥有许多财富及很高的地位,社会给予应有的回报,这种回报不仅体现到他身上,而且直接影响到与他关系密切的人身上,这是个人关系的延伸,体现了人的本质是社会关系的总和。一些人在没有付出或付出很少的情况下,直接得到远远大于他所付出的回报,这是社会的不公平现象,是造成人不平等的主要原因之一,是不利于社会的发展,但是在较长的时期内,回报的转移是一种普遍的现象。由于回报的转移,社会上存在既得利益集团,就是有不劳而获的人存在,并且数量不少,非常不利于社会发展。社会应当在维护个人公平竞争上做出应有的努力,要完善个人收入申报制度,快速推进诚信记录、遗产税、赠予税的实施与强化,努力使每个人处在一个公平竞争的环境中,应使不劳而获的阶层尽快消失。

(4)感情的深浅与付出成正比。我们通常把感情和情感区分不开,常说感情好、感情坏,感情只是指爱和恨的程度。感情好,说明很喜欢;感情一般、感情坏,肯定包含了不喜欢的成分,甚至是厌恶、恨的成分。感情是爱和恨的程度。爱得越多,爱得越深,说明主动善意付出越多;恨得越多,说明恶意付出或回报越多,感情只与付出的量有关系。在喜欢、爱的方面付出得多少,体现爱的深浅,付出的越多,感情就越好。没有付出就不存在感情,比如个人和一个陌生人,就不存在感情,因为个人从来没有对他付出过。为什么父母对孩子的感情深,是因为父母对孩子付出得太多,而孩子对父母的感情相对要淡一些,是因为在父母身上我们没有付出那么多;同样,**对恋人付出得越多爱情越深刻,只有让个人不停付出的人或事物,才是个人的真爱。**

爱、情债与幸福的关系

从履行义务的角度看爱和情债是相对的,个人应该尽到各个角色的义务。情债的产生是个人没有尽到自己应尽的义务,爱是义务外主动地付出。爱就意味着多付出,爱得多相对情债的困扰就少,善意的回报就多,快乐就多。付出得越少,低于义务的要求,就会受到情债的困扰、道德谴责或法律制裁,快乐就少。爱的方面越多,就会主动付出得越多,得到善意的回报越多,心情就会越舒畅。对生活的热爱,表现在对生活的各个方面,爱孩子、爱父母、爱工作、爱朋友等,生活在一个爱的环境中,自己也是一个被爱的中心,生活就会幸福。懂得爱、会爱才是真正有意义生活的开始,爱意味着主动,积极主动的心态会创造一个美好的生活,爱使我们幸福,爱是我们生活的真谛,爱是追求幸福的第一要素,没有爱就没有幸福。

心灵悄悄话
XIN LING QIAO QIAO HUA

付出一定有回报,付出就有收获,善意的付出有好的回报,恶意的付出必定自食其果。付出到哪个方面,哪个方面就收获,不付出不会有任何收获,就像不种庄稼不能收粮食一样简单。

第二篇　个人活动与人生评价

评价你的人生

　　每个人都希望自己获得成功,每个人对成功都有自己的看法,现在社会上关于成功的书籍层出不穷,书中揭示的道理看上去都对,似乎每个人按照道理去做,肯定都会获得成功,但实际上又不是这样。社会上公认的成功并不是每个人都能获得的,它只是少数人的专利。通常意义上的成功是以名利来衡量的,一是对社会有突出贡献,二是物质上非常富有或是有非常高的社会地位。

成功的概念

　　成功分为狭义的成功和广义的成功,狭义的成功是社会公认的,是指某个人创造的物质财富和精神财富总和远远大于普通人。狭义的成功是比较出来的,这就决定了成功的人只能是少数人,是极为优秀的人。成功的人一般都是各个行业出类拔萃的人。从历史发展的角度来看,能够对社会和人类进步起到巨大作用的人,能够在历史上留下痕迹、被后人经常提起并赞颂的人是成功的人。

　　广义的成功是指个人长期目标的实现或长期幸福。每个人出生的起点不同,个人关系能力相差甚大,导致个人能力存在很大差别,决定了每个人对社会的贡献不同;由于起点不同,不能用统一的标准去衡量每个人。个人成功的标准也不同,个人经过长期奋斗,个人制定的长期目标能够实现就是成功。个人的所有努力也是为了个人的幸福,幸福是个人一生永恒的目标,保证长期幸福需要个人付出很大的努力,短时间的幸福容易把握,长期幸福也需要对人生做出规划。能够长期幸福,也就获得了成功。

人在本质上是不平等的

人在本质上是不平等的,主要表现在个人能力及享有财富上的重大差异。从前面几章分析来看,个人从出生之后,由于个人家庭、社会、国家状况不同,就决定了个人起点不同,发展不平衡是必然的。这种不平等主要表现在个人能力和国家(地区)能力上,主要有以下几方面原因造成。

(1)出生的家庭不同,个人关系能力不同。一个人无法选择出生在哪个家庭,这一点是被动的,刚出生婴儿的个体能力是相当的,但是个人关系能力相差很大,这就决定了人的不平等。事实上,夫妻结合以后,直接对他们的孩子有决定性的影响,夫妻双方的生理、心理状况和物质状况直接影响了孩子的生理和心理。个人关系能力可以直接影响一个人的求学、择业、婚姻等大事,因此说个人关系能力的不同是导致人不平等最主要的原因之一。**这种差别非常大,比如某些同龄的人,一些人奋斗了一生只是达到了或还没有达到某些人的起点,个人关系能力对个人的一生有重大的影响。**

(2)个人的生理状况不同。出生后每个人的生理状况都不同,孩子的生理状况与他们父母的生理状况和物质条件有直接的关系。个人的成长受制于抚养人,抚养人的心理健康状况和物质状况决定了个人的健康状况。生理是个人活动的基础,基础不同必然影响个人的发展。物质条件好的家庭个人生理素质相对就高一些;相反,就差一些。另外个人的天赋也决定了个人发展的不同。

(3)个人成长的环境不同。每个人成长在不同的家庭、学校、组织、地区、国家和时代,接受的教育和社会的状况不同,个人意识在最初的形成阶段是个人无法选择的,是被动的。由于外部条件的不同,直接导致了个人意识的不同,地区和地区有差别,国家和国家有差异,时代和时代不同。这些不同间接导致了个人能力的差别。

(4)个人出生在不同的国家和地区,各个国家(地区)能力不同,就直接影响到个人可享用财富的大小,在现阶段这种差别非常大。另外,一个人在一个国家里处于不同的阶级、阶层,对个人都有影响,这也是导致人不平等的一个重要因素。

从以上几个方面分析,人在本质上是不平等的,认识到这个规律对个人有重要的意义。

(1)认识到这个规律,能正确认识个人能力,树立个人切实的目标。人的一生都有个人的追求,有自己的人生目标,如果不能正确认识自己,不能正确对待与别人的差别,就提高个人的目标,产生不切实际的空想,好高骛远,从而导致目标不能实现;看到别人成功个人总是不服气,产生怨恨,总觉得社会对自己不公平。认识到这个规律就能正确认识自己的能力,正确认识社会,这是幸福生活的基础。由于个人能力的差别很大,要立足个人的现实,努力去争取实现自己幸福的生活。

(2)认识到这个规律,就能明白个人成功带有一定的必然性,个人经历决定了一个人。从出生开始,个人活动是个人无法选择的,等个人独立生活后,性格已基本形成,既得的性格决定了以后的发展。**个人意识是整个社会意识的一部分,人和人从生理上是没有太大差异,只是经历不同,成功的人从小受到很好的教育,掌握了许多优秀文化,并进行创新;普通人只受到一般的教育,接受相对较少的优秀文化,决定了只能成为普通人。**个人由于出生的家庭等外部环境不同,各个国家社会地区的差异,就产生了个人能力的差异。成功是比较出来的,但是个人的成功有多少是先天因素决定的,有多少是后天努力的,不易区分。成功带有一定的必然性,世界上大部分人要成为普通人,没有普通也就没有成功,成功的人和普通的人都是社会发展的需要。

(3)认识到这个规律,就会平等对待每个人,尽自己的努力去争取获得幸福生活。每个人能力不同,但是只要为社会发展尽了自己最大努力,都应该称为优秀的人。在许多普通人中,由于他们的先天条件直接导致他们和巨大成功无缘,但他们同样认真生活,尽自己的责任,为社会创造财富,这能说他们不优秀吗? 个人成功受到的制约太多,成功的人和普通的人共同作为社会的一员都应受到社会的尊重,应当赋予作为一个人的权利,平等相待。正确认识这个规律,对待每个人的看法就会发生变化,用平常心看待成功的人,成功的人都有各自原因,你会注意到他出生的家庭、社会背景都不一样。假如个人有他们的经历,成功的就是自己,认识到这些可以帮助个人理解"四海之内皆兄弟"的大同思想。把我们整个人类看作是一个意识的整体,而每个人是这个整体的一个部分,社会需要成功人士和普通人,共同推动社会发展。

心灵悄悄话
XIN LING QIAO QIAO HUA

　　成功是比较出来的,这就注定大多数人不会获得社会公认的成功。对待成功有不同的定义,大多数人就不能成功吗? 应该是否定的,每个人都有获得成功的可能。

对个人评价的多样性

在日常活动中,我们发现对个人的评价多种多样,站的角度、地位不同,会对同一个人作出不同的评价,评价个人的标准是一个很重要的内容,特别是对历史人物和对自己的评价会影响到个人的生活。

对个人的评价

1. 个人对个人的评价

自己对自己的评价,是根据自己设定的目标是否完成来评价;或是与社会上地位相当、年龄相近、工作相似的人进行比较而得出的评价;也可能是按照一定的道德标准。总之,自己对自己评价的正确性就建立在正确认识自己的程度上,对自己认识得越正确,对自己评价就越真实。个人对个人的评价带有主观的愿望,不全面。

2. 他人对个人的评价

他人对个人的评价也是一种主观的评价,这种评价是建立在他人的需要、感情、经历之上,主要是根据他人的愿望、喜爱,他人和个人的关系状况,对个人作出主观评价,这种评价会因为人与人的不同,产生不同的评价。**由于个人和他人之间的利益冲突,对同样的人,每个人会作出不同评价,这是很正常的。**综合多个关系不密切的人对个人的评价,如果是一致的,说明这种评价是比较客观公正的,个人要重视、认真对待这些评价,善于从别人的评价中发现自己的缺点进行改正,注意区分这类评价哪些是正确的,哪些是他人的主观片面的评价。

3. 组织对个人的评价

每个人都需要工作,工作就要在一定的组织中,组织经常要对个人进行评价,组织对个人的评价是站在组织的角度,考虑个人对组织作出的贡献,对组织发展的作用,从思想道德、业务技能、遵章守纪、工作态度等方面进行评价,因而带有很强的团队意识,对个人评价比较客观公正。组织对个人的评价往往来自许多人的看法,应当特别注意。组织的评价对个人有非常大的影响,因为个人工作在组织之中,组织的评价对个人的发展有决定性的影响,要认真对待组织的评价,辨别组织对个人评价的正确性。有时组织的评价只反映了个别人的意志,因而同样具有很大的片面性,个人要以社会道德或法律来衡量自己的行为。组织往往只考虑到组织本身的利益,较少考虑对社会和人类发展的影响,这也是一种不全面的评价,特别是个人做出对组织不利而对社会有益的事情,组织的评价和社会的评价相反,带有很大的功利性。

4. 社会对个人的评价

由于社会中各阶层的划分,直接导致社会对个人评价的不同。在私有制社会中,由于社会的基本矛盾是阶级间的,因而两个阶级的性质是对立的,是统治与被统治、剥削与被剥削的关系。在阶级社会中对个人的评价大体会出现两种评价,即一种是国家政府对个人的评价,另一种是广大群众对个人的评价,这两种评价既有共同的一面,又有对立的一面。

第一种情况是当个人的行为符合整个社会优秀的传统美德时,政府评价与群众评价会出现高度一致。因为优秀的传统美德是整个社会所倡导的,它集中体现了整个社会和人民对真善美的追求,对假丑恶的摒弃,比如见义勇为、舍己救人、拾金不昧等,对这类事件会作出一致的评价。

第二种情况是当个人或事件涉及统治阶级的利益,触动了统治阶级的政治经济基础,违反当时社会制度的时候,政府评价必定是指责、批评,严重时会动用国家机器对个人进行打击,如限制言论和自由等。这种事件往往是先进生产力的要求,要求政府做出改革,或是让腐朽的统治阶级退出政治舞台,提出变法、组织起义等。政府评价和广大群众的评价对立出现

这种评价是符合社会发展的,是斗争的表现,是社会进步的表现。

综合上述,对同一个人的评价会有很多不同的声音,太多的评价往往让个人不知道什么是对错,特别是对重大事件历史人物或对社会有影响的人物的评价,往往对个人意识产生影响。

从整个人类发展的角度去评价个人

对个人的评价很多,只有从人类发展的角度上,对人物和事件有统一的评价,才是一种科学的评价。

整个世界的发展大体可分为两大阶段,人类社会出现之前是一个阶段,人类社会出现之后是一个阶段。人类社会之前的生物进化,是符合自然进化的规律。自从人类社会产生以后,各种事件都有人参与,反映了人的意志。从人类历史发展看,人类社会的发展总体趋势是向上的、前进的,由简单向复杂、由低级到高级的发展。地球上人类的出现,是生物进化到最高层次,产生出了地球上最高级的智能生物。从生理角度来看,人体生理功能的完善程度超过任何一种生物,体现了进化发展的大趋势。当人类社会出现以后,人类社会经历了原始社会、奴隶社会、封建社会、资本主义社会、社会主义社会,社会的发展也是由低级到高级;从人类自身的角度来观察,由于生产力的巨大发展,人类获得的幸福自由程度在不断提高。由于人类创造的物质财富和精神财富的不断积累,现代人所享受的一切,比以往任何历史阶段的人类都要先进,人类的生活不断在提高。社会的先进性反映在整个人类幸福的程度上,这个程度反映在幸福的人数和幸福的层次上,这两方面都是在不断地提高。现在社会上虽然有许多不公平的现象,还有许多贫困人口,但是从整个历史发展过程中来看,人类是向着整个人类幸福这个方向发展的,因此用符合人类进步的观点来评价,是符合历史发展的,能够取得评价的一致性。

站在整个人类发展的角度评价历史人物,需要注意两点:一是按人类发展的观点评价历史人物,需要学习并正确理解马克思主义哲学,才能认识人类及历史从而作出正确判断;二是按人类发展的观点评价历史人物,需要抛开个人的职业、地位等现代的角色,要从历史的发展去评价,主要是看历史人物对人类的进步和解放作出的贡献,要放在当时的社会中进行评价,不是根据他们是否提供了现代所需要的东西,而是根据他们是否比其前辈提供了新的东西。这种新的东西符合人类的进步,为社会创造了巨大的财富,这样才能作出较为一致的评价。按人类发展的观点来评价历史人物,能正确看待历史及现在的各种人物事件,能正确认识各个时代的历史人物,对人生有积极的影响。

心灵悄悄话
XIN LING QIAO QIAO HUA

　　按照对个人评价的立场不同,通常有以下几种:个人对个人的评价、他人对个人的评价、组织对个人的评价、社会对个人的评价、从社会发展和人类进步的角度对个人的评价。

第二篇　个人活动与人生评价

享受人生，享受生活

对于每个人来说，都想幸福地度过一生，享受生活的每一天。怎样才是幸福的人生？是值得我们共同思考的事，这就需要研究评价生命的几个指标，如生命质量、生活质量等。

生命质量

个人的一生不可能所有时间都幸福，幸福是一个永恒的目标，它与个人的付出分不开，幸福所必备的知识技能和物质基础是需要相当长时间的积累，经过实践掌握了必备的知识和技能，创造了个人的物质基础，才能获得幸福，因此幸福是有条件的，不争取、不努力就和幸福无缘。有的人积累过程长，相对幸福时光就短；有的人积累过程短，相对幸福时光就长；有的人始终没有达到幸福的最低要求，一生过得不如意。幸福时光长短是衡量生命质量的指标，幸福是个人的内心感受，每个人都要度过一生，大多数人的一生没有人去评价，生命质量的好坏只有自己知道。每一个人的生命质量如何，是评价社会发展、人类进步的重要指标。

生活质量

　　生活质量是指个人生活方式的科学性,符合人生理心理规律的生活方式,就是高质量的生活,相反就是低质量的生活。生活质量高低和物质财富有很大关系,一方面物质财富越富裕,生活质量相对越高,但并不是说物质财富越富裕生活质量就越高;另一方面是个人对生活规律的掌握和对人的生理、心理特点的把握,使各种活动的安排符合人的生理和心理的规律。倡导科学的生活方式,是保证身心健康必不可少的条件。随着物质生活水平的提高,人们对健康关注越来越多,个人要结合个人的爱好、特点安排个人的活动,使活动符合个人的生理、心理特点。要学习各种知识,懂得缓解心理压力,保证有适当的动力是健康生活的基础。生活质量还体现在对个人活动的时间分配上,个人不能把太多的时间集中在一两种活动上,其他活动不主动,也不利于幸福,平衡几种活动保证个人的综合发展,在各个方面付出是获得对各方面满意的基本前提。提高人的生活质量,本质是提高个人能力,做到心理健康。个人要不断学习各种知识技能,能够认识社会发展及人生的基本规律,使自己生活方式科学,生活质量高人生就幸福,个人的生命质量也就越高。

幸福度

　　由于每个人经历不同,幸福的标准不同,感受到幸福的程度也不同,同样是觉得幸福,幸福的层次不同。普通人的幸福是对个人生活的满意,高层次的幸福是个人为社会作出巨大贡献所感受到的幸福,用幸福度来表示个人幸福的程度。幸福的人都有共同的特点,就是对个人及自己最爱的人现状的基本满意,但这个满意程度是可以量化衡量的。

个人的活动结果总体包括两大方面:一个是健康财富地位,体现在身体健康及吃穿住行娱乐和在社会上的地位等硬件方面;另一个方面是体现在关系方面,比如家庭关系、朋友关系、工作关系等社会关系的和谐,是软件方面,只有在这两个方面都满意才是幸福。体现幸福程度的指标也反映在这两个方面:硬件方面体现在享用的财富上;软件方面体现在和谐关系比例上。和谐关系比例是指个人和他人和谐关系的数量占所有个人关系总数的比例。在这两个指标中,享用财富是主要方面,物质生活水平达到一定条件自己才会觉得满意。享用财富过少,生存有问题,保证不了身体的健康,还觉得幸福,就是一种阿Q式的幸福。获得幸福需要一定的物质基础,幸福的先决条件是身体健康状况个人满意,幸福的最低标准是个人所能享用的财富能够保证个人及最爱的人身体健康。随着社会发展,人际交往越来越频繁,营造和谐的人际关系氛围是幸福必不可少的条件。一个人物质生活不论有多么富裕,如果没人关心没人爱,不能算是幸福。和谐关系比例是精神生活的重要指标,关系处理不好,今天和这人吵架,明天和那人生气,后天他人又惹个人不高兴,这种心情一定不好受,特别是和最亲密的人的关系是衡量幸福的重要指标,和爱人、孩子、父母及兄弟姐妹的关系会时刻影响着个人。这两个指标决定着幸福的层次,把幸福量化可以分为高低两层次:享用财富少,和谐关系比例中等的幸福是低度的幸福;享用财富多,和谐关系比例高的幸福为高度幸福。

从社会发展的角度划分幸福的层次,可分为三个层次:低层次的幸福是个人在成家之前感受到的幸福;中级的幸福是组建家庭生儿育女之后感受到的幸福;高层次的幸福是个人为社会创造了巨大财富,受到世人尊敬感受到的幸福。划分的依据是个人对社会作出的贡献大小。

享受人生

享受人生在于整个生命过程的幸福,德国哲学家费尔巴哈说:"生命本身就是幸福。"最高境界的享受是个人觉得活着就是幸福,享受人生每一分钟。享受有狭义和广义之分,狭义的享受是指休闲娱乐等活动,用专门的时间来放松自己,使自己的身心得到彻底放松,缓解生活的压力,在短暂的时间里忘记一切烦恼,使个人的精神得到放松,去适应以后的生活。广义的享受是享受生活本身,个人觉得能够健康生活就是幸福。广义的享受建立在热爱工作和热爱生活的基础上,个人觉得进行的每种活动都是快乐的,真正做到了快乐工作快乐生活,体会不到太多的压力。现阶段这对许多人来说是一种梦想,不过这是人类发展的共同愿望,人类不断创造财富,财富积累到一定程度,当人类不因生存问题而忙碌的时候,幸福会逐步成为每个人的权利。

心灵悄悄话
XIN LING QIAO QIAO HUA

　　生命的意义在于人生整个过程的幸福,而不仅仅是生命中某一段时间的幸福。如何衡量一个人的一生,生命质量是对个人整个人生的评价。生命质量是指在一个人的整个生命当中,幸福时光所占的比例,这个比例越高,就说明个人生命质量越高,相反生命质量就越低。

第二篇　个人活动与人生评价

认识你自己

在人的一生中,个人也许问过自己是什么样的人? 特别是在世界观形成的过程中,探索人生的意义中都会问同样的问题。在个人的境界达到一定高度时,经常是自己跟自己作斗争。个人在活动中不停地认识客观世界,也在改变着主观世界。许多人都有同样的感受:人的一生是在不断认识自己,是和自己作斗争的过程,认识自己是一生中最重要的事情。但是**无法正确认识自己,就会导致许多活动的失败,对生活失去信心,转而相信命运的安排,无法正确把握自己的人生。**

认识自己的重要性

(1)认识自己是幸福的基础。几千年前,古希腊奥林匹斯山上的德尔斐神庙里有一块石碑,上面写着"认识你自己!"古希腊哲学家苏格拉底将其作为自己哲学原则的宣言,具有十分重要的意义;老子说:"知人者智,自知者明,胜人者有力,自胜者强。"说明人认识自己的重要性,认识自己是幸福生活的前提,心理健康是幸福生活的根本保证。如何做到心理健康,主要的是正确认识客观世界和主观世界,认识主观世界就是认识自己。

(2)正确认识自己是成功的根本。认识自己就是认识自己的能力,是制定人生目标的基础,如果不正确认识自己的长处短处、优点缺点,就无法正确规划自己的人生,有可能把目标制定在自己的短处上;认识不到自己的缺点就无法改正,会给自己带来伤害。一句话,不能认识自己,就不具备规划人生的能力,获得成功的概率很小,幸福的生活无法把握。**孙子兵法说"知己知彼,百战不殆",不认识自己,在和自己的斗争中永远是个失败者。**

认识自己的内容

认识自己主要包括以下几个方面内容:

(1)认识自己要认识个人的生理状况。生理是个人活动的基础,人是最高级的生物,有着复杂的生理系统,各个子系统之间相互关联、相互作用。不能正确认识生理的结构、人生各个阶段的生理特点,就不能科学地使用自己的身体。由着个人感觉生活,长期的不良习惯和不科学的生活方式会导致疾病的发生。认识不到生理特点,就不能调节个人活动来适应生理的特点,最终会对身体造成伤害。身体健康是幸福的第一要素,一个人经常生病,不会感到生活的幸福,长期的疾病会使一个人丧失生活的信心,对生理系统的认识及个人的生理状况的了解是必不可少的。

(2)认识自己要认识个人的意识。每个人经过长期的社会活动,必然会形成个人意识,形成相对稳定的世界观和性格。认识自己,第一要认识自己的个人上层意识,主要是个人的世界观和性格。性格是世界观的外在表现,普通心理学提到的性格主要有以下内容:①性格的态度特征,对社会、集体、他人的态度,对工作学习的态度,对自己的态度;②性格的意志特征,对行为目的明确程度的特征、对行为自觉控制水平的特征、在长期工作中表现出来的特征、在紧急或困难中表现出来的特征;③性格的情绪特征,情绪强度特征、情绪稳定特征、情绪持久特征、主导心境特征;④性格的理智特征,感知方面、记忆方面、想象方面、思维方面。认识自己的性格实际是认识自己的长处短处和优点缺点,在选择职业时,结合自己的性格选择自己适合的工作,尽量扬长避短,要克服改正自己的缺点。

第二要认识个人基础意识,主要是认识个人掌握的知识技能。个人经过学校的教育、各种培训以及自学,个人已经掌握许多知识技能。个人有必要对自己掌握的知识技能、道德法律意识进行梳理,要知道个人所掌握的优秀文化,要认识个人的情绪情感及兴趣。**个人获得幸福必须掌握一定的知识技能,个人活动要遵循社会的道德,自己缺哪方面的知识技能就要学习实践,持续提高自己的能力以满足幸福的要求。**

(3)认识自己的爱好。爱好属于个人上层意识,对个人活动有重大影响,爱好有可能发展为个人的事业。要分析个人爱好是否符合个人的长期发展,对自己的吸引力有多大,不是发自内心的爱好都不会长久,不能作为事业的基础。认识个人爱好的目的是要培养个人爱好,使其能成为个人事业的起点。

(4)认识自己的关系现状及家庭状况。个人能力的一部分是个人关系能力,要正确认识个人关系的现状及个人关系能力。人都是有感情的,个人关系的保持要靠个人平时的付出,认识个人的关系就是正确认识自己的亲情、爱情、友情;个人关系能力是外因,许多活动的完成是由于自己个人关系的原因,它是个人能力的延伸。个人的家庭与个人活动有密切的关系,个人活动的基础是建立在个人的家庭上,家庭的财富地位、人员关系状况个人都要清楚。

认识自己的途径

个人能力是在个人活动中表现出来的,认识自己应从以下几个方面来做。

1.学习必要的知识,定期进行生理检查

个人要学习相关的生理知识,从理论上掌握自己的生理结构和功能,对个人意识的物质载体要有充分的了解,知道生理在各个时期年龄段的特征,特别是在成年之后,要经常进行体检,掌握自己的生理状况。要学习马克思主义哲学和普通心理学,知道心理意识的内容,心理的发展规律,要清楚自己有哪些知识技能,能做什么事不能做什么事。从理论上认识生理和心理的规律。

2. 要从实践中认识自己的能力

歌德说过:**"一个人怎样才能认识自己,绝不是思考的问题,而是实践,尽力去履行你的职责,你会知道你的价值。"** 一个人的能力是在不断地活动中表现出来,个人要勇于实践,在社会活动中认识自己,根据自己活动的结果分析自己擅长做什么事,自己做不好什么事,自己爱做什么事,认识到自己的优点缺点长处短处。当一个人的世界观形成后,个人能力也相对稳定,除了专业知识技能方面的增加,一个人分析问题处理问题的能力相对不变,个人爱好也是在多次实践中表现出来的,只有在实践中才能全面认识自己的能力。

3. 正确对待外界的评价,既不要过高估计自己的能力,又要发挥出自己的潜能

多数人是在赞扬中长大的,特别是在这个赏识教育的年代,别人往往会把个人的优点无限放大,对个人的缺点避而不谈,时间长了会让个人觉得自己很优秀,没有什么缺点,什么事都能做。每个人听到的赞扬比批评多很多,特别是出众的人听到的表扬更多。在这普遍的赞扬中,个人往往觉得自己很了不起,什么事都会做,高估自己的能力。如果不能正确对待这些评价,认识不到自己的缺点,遇到挫折和失败后,往往会迷茫,这是需要特别注意的。个人要善于发现自己的长处,不要过高估计自己的能力,正确对待他人的评价,结合自身的特点最大限度发挥自己的潜能。

4. 多和他人交往,保持和谐的人际关系,从他人的评价中认识自己

个人关系能力是外因,是个人生存发展不可缺少的条件,它能加快或延缓个人的发展,在某些时期有决定性作用。 要和他人多交往、多沟通,感情是在不断地交往中加深的,在和他人的交往中通过他人的评价认识自己,他人怎样对待个人反映了自己的为人。

认识自己的目的

认识自己的目的是不断改变自己,适合个人长期发展。个人不可能生来就具备正确的思想,一个人存在许多缺点,缺点就是未正确认识某些事物的规律,做哪些事情不成功,应注意总结吸取教训。只有正确认识自己,知道自己的优缺点,缺少什么样的知识和技能,才能根据个人的特点培养个人爱好,树立个人长期目标,个人根据目标有计划进行系统的学习和实践,不断提高个人能力。幸福是每个人永恒的人生目标,只有使自己的能力满足幸福的最低要求,才可能获得幸福生活。

心灵悄悄话
XIN LING QIAO QIAO HUA

人们往往缺乏的是对主观世界的认识,苏轼在诗中写道:"不识庐山真面目,只缘身在此山中。"是难于认识自我的原因。一部分人由于不能正确认识自己的生理和心理现象,不学习必要的哲学知识和心理知识,解释不了个人的意识是怎么回事,造成许多认识上的误区。

第三篇　命运与机遇的辩证法

命运能够捉弄人一时,但绝对不能让它捉弄一世。机遇给了你一次,它就绝对不会很好心地再给你很多次,所以你要牢牢抓住机遇,操控自己的人生。曾有人说过,命运不是机遇,而是选择。抓住能改变你命运的机会,你就抓住了成功。

有人选择了高山,以为会障碍重重,但是翻过高山却发现山那边有人间美景;有人选择了大海,以为会一帆风顺,却不知大海的尽头是泥淖。每一次选择都面临着许多的问题,许多的犹豫和踌躇,然而选择之后的路是怎样的谁也无法预知,我们仅能靠着自己的判断来选择。判断精确,选择正确,你会比别人少走很多弯路。

选择命运,抓住机遇

选择就像是人位于一个岔路口。走哪条路都要靠他自己的决策。

有人选择了高山,以为会障碍重重,但是翻过高山却发现山那边有人间美景;有人选择了大海,以为会一帆风顺,却不知大海的尽头是泥淖。每一次选择都面临着许多的问题,许多的犹豫和踌躇,然而选择之后的路是怎样的谁也无法预知,我们仅能靠着自己的判断来选择。但是选择也有门路,不是盲目地选择一条路就走。判断精确,选择正确,你会比别人少走很多弯路。

什么是正确的选择? 就是你根据环境、别人的帮助、自己的思想、目光、目标等对一件事情所作出的正确的判断,这个判断就是你要走的路。

有许多时候,我们看似不可能实现的选择恰恰是最正确的选择。

阿穆斯特朗从小就相信自己有一天可以在天上那个美丽的月亮上行走! 发明飞机的莱特兄弟很早就相信人可以像鸟一样在天空自由翱翔! 也许你想环游世界,也许你想救济全世界的失学儿童,也许你想遨游太空,但是这一切的想法却在自己成年时丢失得不见踪影。似乎我们都努力了,却还是不能实现梦想。这其中,每一次的选择就很关键。几乎每一个事业、人生成功的人,都是在每一次需要做抉择的时候作出了果断、不被人理解但结果证明是正确的抉择。作正确的选择时需要勇气和远见。不是我们看不到未来,而是大部分人都能感觉得到未来将要发生的事,只是自己不敢相信罢了。因为我们都有两个自己在时常对话。一个是消极的自我,另一个则是积极的自我。积极的自我会清醒地看到事情的本质,或者说理性客观地来看待事情的发展;而消极的自我则会强调事情的不可能性,但又想不出更好的解决办法,或凭感情用事。在每一次需要做抉择的时候,

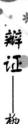
两个自我都会做激烈的斗争,最终一个胜了,一个败了,我们就会作出积极或消极的选择。

积极理性的选择必定会考察市场,分析形势,总结过往走过的道路,并且考虑到结果,最终作出对自己负责任的决定。在这个时候的决定本质上无所谓对与错,关键在于积极理性的决定是合时宜的。最怕的就是凭着侥幸心理作抉择,这是很危险的。

那么,如何做到正确选择呢?

(1)有明确的目标

成功的人做任何事都有目标。如果没有行动的方向,那么乱行动还不如好好坐着。不怕路走得远走得累,就怕走错方向。方向一旦走错,你可能就无法回头。只有你确定了自己做事的目标,才能确定自己下一步要做什么。

72

(2)对所处环境能准确地分析

如果一个人对其周围的人和事作出错误的判断,那么将直接导致他后来行为的失误。

在面对一个选择的时候,首先要对周遭的环境有所分析,才能作出决断。如果你没有分析就选择,那么你选择后的后悔率就有可能达到90%,而准确的分析将帮你作出正确的选择。

准确的分析具体包括分析当前的人际关系和事情结构,分析选择后有可能产生的结果和实施过程的风险,与实际相结合确定自己的目标以及实现的程度,分析利益关系和选择后可能会造成的损失以及应付策略。

(3)精辟的目光和深刻的思想

这要求对事物的发展作出正确的判断,抉择者必须有深邃的思想,具有洞察秋毫的思考力。

有一群小朋友在两条铁轨附近玩耍,一条铁轨还在使用,一条已经停用;只有一个小朋友选择在停用的铁轨上玩,其他的小朋友全都在仍在使用的铁轨上玩。这时火车来了,而你正站在铁轨的切换器旁。让火车停下来已经不可能了,但你能让火车转往停用的铁轨,这样的话你就可以救了大多数的小朋友。但是这也意味着，那个在停用的铁轨上玩的小孩被牺牲掉了。你会怎样选择呢？

一般人都会选择改变火车轨道，牺牲那名在停用铁轨上玩的小孩。这听上去，似乎是很正确的选择，用一个小孩的命换大多数小孩的命。但是往深处想，那个选择在停用铁轨上玩耍的小孩显然是作出了正确的选择：在安全的地方玩，然而他却要为了那些明知道危险却仍选择在危险的地方玩的小孩去牺牲。我们总有惯性思维，法不责众，所以大多数人会选择为了救一群小孩而去牺牲一个作出正确选择的孩子。

而真正正确的选择是不让火车变轨。有人会问为什么？因为在铁轨上玩的孩子在听到火车鸣笛后自然会跑开，因为他们知道铁轨在使用。但如果变轨后，那个作出正确选择的小孩不仅会没命，就连火车上的人也会处于危险中。因为那废弃的火车道之所以被废弃，肯定是因为它是不安全的。在你试着用牺牲一个孩子的生命来挽救几个孩子的命时，你可能在用整车的乘客来挽救这几个小孩子。

这是一个很难的选择，却孕育着很深的道理。而这样的思考会帮助我们在作出决定的时候想得更加周全和正确。

心灵悄悄话

XIN LING QIAO QIAO HUA

每一个人在生活中总会面临各种各样的问题，各种各样的选择。上学时，选择题是有答案的，有对和错的判断。然而到了社会上，我们才发现，生活中的选择题是没有答案的，只有靠想象和预测。就像一个岔路口，选择哪一条都是未知的。

第三篇 命运与机遇的辩证法

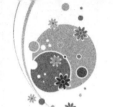

创造机会，主宰命运

一个人成功需要有天赋、勤奋、努力、毅力和机遇。机遇是每一个人都迫切想得到的，而人们在机会面前都是平等的。机遇光顾的人并不是很少，但是能够抓住机遇的却很少。如果错过了机遇，我们就要干等着下一个机遇的到来吗？当然不是！机会是要靠自己创造出来的。

真正的强者是不会等待机会来找他的，而是到处寻找机会并抓住机会，让机会为他服务。软弱的人和犹豫不决的人总是找借口说没有机会。他们高喊，请给我机会。

只有懒惰的人才总是抱怨自己没有机会，抱怨自己没有时间；而有头脑的人能够在琐碎的小事中找到机会。

只要你善于把握，你的周围都将充满机会。生长在这样一个知识与机遇爆炸的时代，出生在这样一个充满机会的国土，怎么还能够悠然地抱着胳膊，等待天上掉馅饼呢？

不要等待机会的出现，而是要创造机会。著名专家房善朝老师说过：一流的人创造机会，二流的人把握机会，三流的人等待机会，四流的人错失机会。成功的机会靠自己去争取。

可以归纳为：愚者是只等待机会，智者是发现和把握机会，圣者是创造机会。

有一个人，在沙漠中行进了数日，身上所带的水已经喝完了，口渴得直冒烟。当他快要走出沙漠时，刚好遇到了一位推销员，劝他买一条领带。他十分生气地对推销员说："你行行好吧，我渴得连衬衣都想撕开了，还买什么领带！"推销员讨了个没趣便走开了。

这个可怜人总算在沙漠边上的一个小镇上找到了一家酒吧，他急不可待地要冲进去，对门口的侍者说："快给我点喝的吧！"他的喉咙都快枯哑了。"对不起，先生，不打领带者是不许进入的。"这个侍者很有礼貌地拒绝了他的要求……

在人的一生中，或许一个很偶然的机遇就有可能让你平步青云，但是机遇却不会从天而降。任何一个机会的来临往往都是因为自己过去的努力和善缘所至。

有的人平时不学习，不注意积累经验，即使公司某个职位有空缺，但怎么也轮不到他的头上；有的人不会为人处事，不喜欢交朋友，在他有困难的时候又怎么会有人来帮他呢？

培根说过："智者创造机会。"机会是等不来的，是要靠我们的努力才能创造出来的。机会是平等的，关键是你是否懂得如何去寻求机会，并且将它变成人生成功的垫脚石。如果你没有准备好"领带"，别人是不会让你"进门"的。

在一家报纸上，有一则醒目的广告，大意是：某海滨城市有一幢豪华别墅，现在公开出售，只卖一美元。后面还有一个电话和详细的联系地址。

广告连续登了两个月都没有人问津。一个退休的老人看到后，十分好奇，于是他就动身去了离他不远的那个海滨城市。

他按照地址找到了那幢别墅，那是一个十分气派的别墅，他按了按门铃，一个老太太走了出来。他支支吾吾地说明了来意，老太太告诉他广告是真的。老人大喜过望，掏出一美元准备买下这栋别墅，但是老太太指指桌边的人："对不起，先生，他比你早到一分钟，正在签订合同呢。"

这时老人从狂喜一下子跌进深深的懊悔中，他后悔为什么不早一点来呢？

老人十分好奇，问老太太为什么这么豪华的别墅只要卖一美元呢？老太太告诉他，这幢别墅是丈夫留下来的遗产。在遗嘱中，丈夫说自己的所有财产归老太太所有，但是这幢别墅出售后所得到的钱要归自己的情人所有。老太太听到后十分伤心，她没有想到自己深爱着的丈夫竟然会有情人，一怒之下，她便将别墅以一美元的价格出售，再按照法律规定将售房所得交给丈夫的情人。

故事十分简单，但是合情合理。它告诉人们，机会不会停留等待，它一出现你就要敏捷地抓住它！

改变命不好的最佳捷径就是和那些"命好"的人做朋友，不是让你一定要结交有权有势的人，而是有所辨别地交友。

在平时的工作生活中，要注意构建自己的人脉，什么层次的朋友都要认识一些，这也应了老话：朋友多，好走路。当你遇到困难的时候，因为认识的人多，解决起来也比别人顺利。

而我们也经常看到或听到某某人因为朋友的帮忙做成了某笔生意，进了哪家公司，甚至改变了命运。原本一路走下坡，却因为朋友的帮助而顺风顺水的也不在少数。

胡雪岩小的时候家中贫困，为了养家糊口，他经亲戚推荐，进杭州"信和钱庄"当学徒，从扫地、倒尿壶等杂役干起，三年满学后，就因勤劳、踏实成了钱庄正式的伙计。正是在这一时期，胡雪岩靠患难知交王有龄的帮助，一跃而成为杭州一富。王有龄是官宦子弟，福建侯宫人，在道光年间，王有龄就已捐了浙江盐运使，但无钱进京。这时他遇到了胡雪岩，胡雪岩也早已注意到了王有龄，有心结交，认为他前途不凡，于是资助了王五百两银子，让他进京去混个官职。后来王有龄在天津遇到故交侍郎何桂清，经其推荐到浙江巡抚门下，当了粮台总办。王有龄发迹后并未忘记当年胡雪岩知遇之恩，于是资助胡雪岩自开钱庄，号为"阜康"。之后，随着王有龄的不断高升，胡雪岩的生意也越做越大，除钱庄外，还开起了许多店铺。

后来，胡雪岩又在庚申之变中，暗与军界搭上，大量的募兵经费存于胡的钱庄中，后又被王有龄委以"办粮械""综理漕运"等重任，几乎掌握了浙江一半以上的战时财经。

胡雪岩如此迅速地崛起，除了得益于王有龄外，左宗棠也对他有很大的帮助。1862年，王有龄因丧失城池而自缢身亡。经曾国藩保荐，左宗棠继任浙江巡抚一职。左宗棠部队在安徽时军饷已欠近五个月，饿死及战死者众多。此番进兵浙江，粮饷短缺等问题依然困扰着左宗棠，令他苦恼无比。急于寻找新靠山的胡雪岩又紧紧地抓住了这次机会：他雪中送炭，在战争环境下，出色地完成了在三天之内筹齐十万石粮食的几乎不可能完成的任务，在左宗棠面前一展自己的才能，得到了左的赏识并被委以重任。在深得左宗棠信任后，胡雪岩常以亦官亦商的身份往来于宁波、上海等洋人聚集的通商口岸间。

胡雪岩创建的胡庆馀堂在1880年时，资本发展到二百八十万两银子，与北京的百年老字号同仁堂南北相辉映，有"北有同仁堂，南有庆馀堂"之称。

胡雪岩如果没有独到眼光结交王有龄和左宗棠，他是不可能达到如此辉煌的。由此可见，交什么样的朋友就决定你有什么样的人生，这是有一定道理的。

心灵悄悄话
XIN LING QIAO QIAO HUA

其实每一个人的生活中都时刻充满了机会。你在学校里的每一堂课是一次机会，每一次考试是你学习的机会；每一位病人对于医生都是一个机会；每一个客户都是一个机会；每一次商业买卖也是一次机会，是一次展示你的优雅与礼貌、果断与勇气的机会，是一次表现你诚实品质的机会，也是一次交友的好机会；同样，每一次对你自信心的考验都是一次机会。

第三篇 命运与机遇的辩证法

机遇是偶然中的必然

机遇往往显得神秘莫测,它是偶然中蕴涵着的必然,是必然中显示出的偶然。既然机遇是偶然中的必然,必然中的偶然,就一定有它特有的规律。关于机遇,曾有这样的比喻:抓机遇好比老鹰捕兔子,一不留神就稍纵即逝。要想捕捉到狡猾的兔子,老鹰需要具备稳、准、狠的捕猎能力。既然把机遇比作兔子,说明它是动态的,而非静止的。因此,我们不能去等待它的出现,而应主动出击。老鹰在天空不停地盘旋,只能算是"机",只有将兔子按在爪下那一刹那才是"遇"。

守株待兔所得绝非机遇,只不过是一种偶然罢了。因为兔子撞树而亡的概率实在太少了。有时候,你或许刚到那棵树下,兔子就跑来碰死。但更多的情况是,你在那里守了千年,一只兔子都没有来,或者经过的兔子都知道绕过那棵大树。当然了,也可能真的在你经过千年的等待后,终于有一只兔子撞树而亡了,然而,为了等一只兔子却要付出一千年的代价,就算这的确是"机遇",其成本也未免太高了。

机遇的另一个突出特点是它包含着较高的收益含量。你家附近有一家卖牛肉面的店铺,每天都照常营业,你每天也会进去点上一碗牛肉面吃,双方之间公平交易,这就不算是什么机遇了。首先,机遇必须具有超出一般受益度的价值,同时又是不可多得的,也就是我们常说的那句话:机不可失,时不再来。

加富尔说:"时机可能是召集军队打仗的号角,但是号角的鸣响永远无法制造出士兵和胜利。"

20 世纪 80 年代的一天上午曾出现过一次百年不遇的日全食。由于那个时候科学已经在飞速发展,人们轻而易举地计算出了日全食的准确时间,并且还将此事件印在了当时的日历上。

可以说,观看日全食是一个公开的机遇。但是,你是否想过,这样的机遇对你本人而言到底有多大的意义呢? 有一个人就认为,这是一个千载难逢的赚钱的大好时机。

对于大自然的奇观,人们总是渴望一睹其风采,尤其是这种百年不遇的日全食,更是众人期待的自然现象。更让人兴奋的是,不必受任何限制便可去观看,只要你愿意,你就可以一饱眼福。不过,这里存在一个问题,直接用肉眼去看日全食会非常刺眼,严重时会伤害眼睛。很多人也都了解这些常识,如果日全食发生时你正好在家里,则可以找来一张照片的底片,隔着照片底片放心大胆地看;还可以找来墨汁,将其倒入水盆中,然后从墨水的反光中观看日全食。这些虽然简单易行,但是人们都有各自的事情要做,不可能只为了观看日全食而待在家中。还有太多的人在路上。就在众人都为观看日全食做着准备的时候,那位认为这是千载难逢的发财机会的人却在冷静地思考。他想,在日全食发生的时刻,如何令那些在大街上行走的人也能够不错过观看呢? 没多久,他就想出了一个办法。他抓紧时间加工了一大批深色的胶片,并将其裁成小方块,到了日全食发生的那天上午,他早早地就在全市设了几十个销售点,一片深色的胶片只不过几分钱的加工费,而他却以每片 5 角钱的价格出售,结果没过多长时间,胶片便被抢购一空。对于大街上那些想观看日全食的人们而言,花 5 角钱来观看一次百年不遇的日全食,显然是非常值得的。而对于这位卖胶片的人而言,能够抓住这个机遇,不用花费太多的成本和精力就获得了高额利润,也是让人兴奋不已的。

由于这样的机遇并不多见,所以在遇到之后,其他人只当作是饱眼福的机遇,而那个卖胶片的人除了饱眼福外,还大赚了一笔钱。机遇就是如此神秘莫测,你无法确定它什么时候会出现,但是又知道它迟早会出现,但是又不可能像四季更替那样准时,倘若每年都有那么一次日食,那么对任何人而言都称不上是机遇了。这样一来,大家都会如法炮制,剩下的便是公平竞争了。

对于一个成功者而言,有时候成功真的是偶然的,但是面对这个现实,

又几乎无人敢说那不是一种必然。所罗门说："智者的眼睛长在头上，而愚者的眼睛则是长在脊背上的。"心灵比眼睛看到的东西要多得多。那些呆头呆脑的凝视者只能看到事物的表象，只有那些富有洞察力的人才能够穿透事物的表象深入其内在本质，从中找出差别，进行比较，并最终抓住潜藏在表象后面的更深刻、更本质的东西。

在伽利略之前，也有不少人发现，悬挂着的物体会有节奏地来回摆动，但是仅此而已。只有伽利略从中进行了有价值的研究，看着那个来回荡个不停地油灯，18岁的伽利略想出了计时的办法。后来，经过多年的潜心钻研，他终于成功地发明了钟摆。而这项发明，对于精确地计算时间和从事天文学研究无疑产生了重要的意义。

又一次，伽利略偶然听说一位荷兰眼镜商发明了一种仪器，人们可以借助这种仪器看清很远的物体。在别人都极为好奇地为此事议论纷纷时，伽利略却开始认真研究这一现象背后的原理，于是，他成功地发明了望远镜，从而为现代天文学奠定了基础。

对于在偶然的机遇面前能够抓住它并最终获得成功的人而言，结果可谓是必然的。那么，请大家时刻做足准备吧，一旦机遇在某个时期出现，就抓住它，使偶然的机遇因为我们充足的准备而走向必然的成功吧！

心灵悄悄话
XIN LING QIAO QIAO HUA

多数人都能够保持清醒的头脑，不相信天上掉"馅饼"的事情。机遇当然也不会从天而降，它需要人们具有相应的技能和基础。因此，要想把握机遇，就需要进行长期不懈的努力，也就是我们常说的：机遇青睐有准备的头脑。

了她白手起家、辛苦创建的"龟甲油"公司；另一次是媒体公布她被国家广播公司开除。当时她曾取代华特斯的角色，与菲勒斯共同主持了一个"老少皆宜"的电视节目达一年之久，后来柏根决定不再主持。而当她在卡卜克度假时却无意间在报纸上看到了一则令她震惊的消息。上面说她是被广播公司开除的，她当时气得浑身颤抖，这条消息虽然纯属子虚乌有，但却能蒙骗许多不明真相的人。柏根感到无比羞辱，她似乎感受到了她的粉丝们都在无情地指责她的失败。

面对第一次失败，柏根说她像一位失去了孩子的母亲一样伤心，自尊心也受到了严重伤害。虽然她早已把公司脱手，但她还仍有些失败的感觉；第二次对于柏根来说却是致命的打击。她无力反抗，因为她越是抗议就越会加深人们对她的误解。这比"龟甲油"公司破产倒闭更让她痛苦难过，因为她虽然也为此痛苦，但那是私下的，而国家广播公司的"插曲"却使她受到公开的难堪，一想到别人认为她被开除了，她简直就要发狂。因为那等于说"她不行"！

而雕刻家史班利的故事更耐人寻味。

史班利是纽约的一位雕刻家，她的作品多年来都是在一家颇有名气的画廊展出，后来画廊因老板过世而结束营业。刚步入人生不惑之年的史班利前后花了两年时间都没能使作品挤进其他画廊，这使她倍感惊讶。她想方设法通过以往的生意关系、朋友关系寻找机遇，把作品制成图画出售、展示作品的幻灯片、甚至出示了珍藏品，但是仍没人愿意和她合作，她的作品迟迟找不到展售的机会。她不知道是为什么，她曾猜想可能是自己的作品不好，要么就一定是自己与人交往不够圆熟，有时候甚至觉得这是对她的早年得志的一种惩罚。她失去了工作的激情，变得非常消沉。

有一天，一家雕刻商在想把作品退还给史班利时，坦诚地告诉了她不打算展出她的作品的真正原因，就是她太老了。43岁就"太老了"，这使她无论如何不敢相信自己的耳朵。那位雕刻商又进一步解释说，画廊老板想要的要么是刚出道的"当红"艺术家的作品，要么是真正知名艺术家的作品。前者售价低，而且具有可挖掘的艺术潜力；后者名贵珍奇，可为画廊带来名气。然而她两个条件都不符合，她仅仅是个中等年纪的还算不错的艺术家,其作品又是中等价格,既不能给画廊带来高利润,又不能带来大名气,就这种意义上来说,43岁就算"太老了"。

从上面柏根和史班利的经历中可以说她们是两个机遇不好的女人,人生途中,屡遭挫折和打击,这使她们不免对好机遇有些望尘莫及。

然而由于柏根和史班利的坚强和明智,她们并没有被一时的不幸击倒,反而在逆境中苦苦挣扎,在厄运中顽强拼搏,争取再次为改变自己不幸的命运抓住机遇。

运气之神终于再次光顾了柏根和史班利。

柏根从第一次失败中汲取了经验,她学会了独控公司经营方法,从第二次失败中她总结了一切依照自己的判断,不留任何空子给人钻,那样就永远不会让别人有羞辱她的机会。经过艰苦努力,最终又靠经营女鞋和珠宝取得了很大的成功。

什么是厄运?故事中的两位女主人公到底是遭遇了厄运,还是碰上了幸运?这个问题的确不好用简单的二者选其一来回答。我们可以说,她们的确曾经遭遇过厄运,但同时她们又在厄运中寻求到了出路,从而使命运发生了转机。由此我们可以说,真正的厄运不是生活的困苦,不是他人的阻挠,不是环境的险恶,而是不懂得在逆境中寻找机遇。

心灵悄悄话
XIN LING QIAO QIAO HUA

有的时候,影响人的整个人生、让人生从此开始改变的,正是一次意外的、突如其来的机遇。的确,无论何时、何地,做什么事情,从事何种事业,转机都是机遇带来的,机遇来了,成功也就不远了。

打开命运的大门

一个心灵即将枯竭的人，即使在明媚灿烂的阳光下也不会感到明亮，因为他的心里没有了太阳，任何机遇都不会光顾他。机遇是可求的，它并非高不可攀。当你在生活中遇到挫折时，不要灰心，不要绝望，只要振作起来，让心明亮起来，一切都会变得更加美好。

在法国最古老的城市安纳西，住着一位德高望重的医生，名叫莫尔，他以自己精湛的医术挽救过无数人的生命。然而二十年前，他还在读名牌大学时却因为情人的背叛而意气用事，刺伤了那个引诱他情人的男人，这使他在监牢里住了三年。

等他出狱后，情人早已成了别人的妻子，找工作让他受尽了白眼和嘲笑，他几乎到了山穷水尽的地步。莫尔陷入极度的痛苦中，整日郁郁寡欢，后来他干脆一气之下想去抢劫。他开始注意到有一户人家是很好的渔猎对象，因为这家的大人都很晚才下班，只剩下一个盲童在家，如果抢劫，就会非常容易得手。

于是，他手持匕首悄悄地潜入这户人家，当他蹑手蹑脚地进到屋内时，耳边传来盲童稚嫩的声音："是谁啊？"

莫尔慌乱地回答说是盲童父亲的一个朋友，孩子的父亲给了他门的钥匙。小孩听后很兴奋，非常诚恳地说："欢迎您！我爸爸回来得晚，叔叔，您能先陪我玩一会儿吗？"盲童睁着明亮的却什么都看不见的眼睛，脸上露出充满期待的神情。莫尔在孩子诚挚的请求下，竟然忘了自己的初衷，满口答应了孩子。令他惊讶的是，这个八岁的盲童竟然弹得一手好钢琴，乐感似行云流水，让人陶醉。弹出那一个个跳跃的音符需要这个盲童付出多大的精力啊，他的心里绝对不是黑暗的，一定充满了光明。弹奏完钢琴后，盲童开始很认真、很虔诚地给莫尔画自己感受到的世界,其中有太阳、花朵、父母、伙伴等等,内容极丰富。虽然他画得方圆不分、色调不分,看起来非常笨拙,但在这个盲童的心里,世界不是一片空白。

"叔叔,我画的太阳好看吗?"盲童很激动地问莫尔。

莫尔忽然很感动,内心豁然明亮起来,他紧紧握住盲童的手说:"你画的太阳很美很美,又圆又亮,而且是金色的。谢谢你,你让叔叔心中也有了一颗太阳!"

从此,莫尔心中有了希望,迷途知返,给机遇打开了一扇门,潜心学医,终获成果。

人最怕经受不住生活的考验,在挫折面前一蹶不振。一个坚强乐观的人总相信机遇无处不在,即使他们深陷困境也不会自暴自弃,也能抱着豁达乐观的态度找到属于自己的天地,取得成就。

有一位靠自己的理想、信念和毅力让自己胜利的护林员,用实际行动诠释了这种观念的正确性。

他 18 岁就开始在一座孤岛当兵,除了定期开来的补给船,每日和他做伴的除了几张战友的熟悉面孔,就只剩自己的影子和在空中飞过的几只海鸟了。令人不解的是他居然在孤岛上乐呵呵地一待就是好几年,从班长一路干到团长。要不是出现妻子丢下孩子和他离了婚这样的意外,他还不愿离开那座孤岛转业回家呢。回家后,他主动要求去深山老林当护林员。这是一份更加孤独的工作,常常从这座山爬到那座山也看不到几个人。

这些他都已经习以为常,不算什么,但一个不幸的消息却给了他致命一击——他放在山下村子里读书的儿子溺水身亡了,这使他几乎要崩溃。但一向坚强的他并没有被击垮,他凭着顽强和乐观战胜了自己脆弱的一面,从此他对山下似乎再也没有了牵挂,把全部身心都扑在工作上,而山下的大多数人几乎也忘记了他的存在。20 年就这样匆匆而过,他逐渐在孤独中老去。

忽然有一天,一辆从省城来的电视采访车开进了这座深山。原来在这些年里,护林员在护林的同时还看了许多动、植物学书籍,对动、植物开始了细心的观察和研究。数月前,他发现了一种珍稀植物,他翻阅了大量资料，发现这种植物在国内外都没有记载。于是他把这种植物的照片和自己写的说明托人寄给朋友，朋友把这些东西寄到一家国外的权威专业杂志，竟然发表了，这引起了许多专家的重视和领导的关注。

当记者见到护林员并了解了他的人生经历后，不仅对他的重大发现感到惊奇，更对他坎坷孤独的人生感到震撼。他的大半生都是在寂寞中度过的，可他的神情依然鲜活、生动，他的思想依然敏捷、快乐，其秘诀是什么？

护林员说，他总是自己跟自己下围棋，白棋是自己，黑棋也是自己。这样，不管是白棋赢了，还是黑棋赢了，赢家都是他自己。

是啊，**一个人如果坚信自己就是胜利者，不要说别人，甚至连命运都无法否定你。只要内心有希望，是明亮的，生活就会赐给你胜利的机遇。**

机遇是常常变化的，灵活地创造机遇是必要的。如果在创造机遇的过程中只知道坚持原则而不做任何相应的调整，最终会走进死胡同，无法到达预料的终点。调整不是后退，而是为了更好的创新。

一次，几名勘察队员要从一条小河的源头出发，抵达小河与另一条河流的交汇处，全过程考察小河的流向，绘制小河流程图。在勘察过程中大家发现当一座小山阻断了小河前进的步伐时，小河很机智地调转头来，一边温柔地依附着小山坡，一边不动声色地拐了个弯后，缓缓回流了过去。向远方继续前行了十多公里后，终于找到了出口，汇入了另一条河流。

站在河流的交汇处，有位勘探队员感慨万千，他说河流应是大家的老师，当人走到无路可走的时候，也许转身就是方向。

类似这样的例子很多。当野蚕自下而上吃光了一个枝条上的树叶后，总会重新调转方向，将后方变成前方，将来路视为出路。只有这样才能不断占据新的枝条，去寻找下一个生存的空间，从而使生命升华。

第二次世界大战期间，为英国战争的胜利立下汗马之功的克里克当时在英国海军部一直从事水雷研究工作。但是，在战争结束后，克里克敏锐地意识到物理学由于刚刚经历了相对论和量子力学两场伟大革命，已进入了常规发展阶段。在物理学领域里，短时间内很难能有大的作为。而生物学相对来说有待开垦，前景可观。审时度势之后，克里克果断地放弃了在自己熟悉的物理学领域继续前进，毅然决然转过身来投入到了生物遗传学的新课题研究工作中去。后来,凭着他执着的精神和不懈的努力,克里克与另两位生物学家共同发现了 DNA 双螺旋结构,这是生物学上的重大突破,因此于 1962 年获诺贝尔生理及医学奖,得到了他应得的荣誉,成为当代最伟大的生物学家之一。

当你迎候机遇时,你仅仅是在迎候成功的希望;当你创造机遇时,你仅仅是在创造驶向成功彼岸的导航灯;当你把握机遇时,你仅仅是搭上了驶向成功的顺风船;而只有你不失时机地调整机遇时,才是真正有了获得成功的保障。可见,机遇是有灵性的。

细小的河流如果不具备善于转身的灵性,也许就只能半道干涸,永远不能汇入汹涌澎湃的大海;弱小的野蚕如果不具备及时转身的本能,也许就只能僵死茧中,永远没有足够的能量化蛹成蝶;一代伟人克里克如果不具备果断转身的胆识,这个名字也许永远也不会载入史册,为世人称道。有时候当你深陷困境,不要一意孤行,扭头转身就是跨过障碍的方向。当你被高山阻隔,看不到前方的道路时,你可以绕道行走;当你被天堑拦截,无法逾越的时候,你可以转身迂回,虽然有些曲折,但毕竟最终会走向成功。

心灵悄悄话
XIN LING QIAO QIAO HUA

当我们遇到大的不可逾越的障碍时,不妨尝试着转一下身,换一个方向。方向的转换,也许有助于你另辟蹊径,从另一个角度抓住成功的机遇。

偶然的机遇成就你的命运

如果多加注意和利用生活中的偶然，它就会带给人们不可估量的惊喜，这是它神奇的一面。如果能够及时捕捉生活中的偶然，并把它化成机遇，就等于掌握了一把打开成功大门的金钥匙。

哈姆威是随着西班牙的狂热移民潮来到美国的一个制作糕点的小商贩。在他的想象中，美国到处是黄金，他是来淘金的。但事实却令他很失望，他的糕点生意并没有太大的起色。

1904 年夏天，哈姆威把自己的糕点工具搬到了美国即将举行世界博览会的会展地点路易斯安那州，且被市政府应允在会场外面出售薄饼。

在会展期间，哈姆威的薄饼生意很糟糕，而他旁边一位卖冰激凌的商贩的生意却异常地好，顾客络绎不绝，一会儿工夫就把他带来准备用一天的装冰激凌的小碟子用完了，正当他不知如何是好时，善良的哈姆威就连忙把自己的薄饼卷成锥形，帮他盛放冰激凌。结果出乎大家意料的是，顾客们很看好这种吃法，于是卖冰激凌的商贩便预定了哈姆威的全部薄饼。更令他们惊奇的是，这种无意间发明的冰激凌却被评为本届世界博览会的真正明星。从此，这种锥形冰激凌开始盛行于市，这就是现在的蛋卷冰激凌的前身。

它的发明不能不说是一种偶然的奇迹。试想，如果当时两个商贩的摊位不挨在一起，如果哈姆威的生意一样红火，或者他是一个嫉妒心极强的人，如果卖冰激凌的商贩带足了盛放冰激凌的碟子，我们今天也许仍然还不会吃到蛋卷冰激凌呢。

其实，炸薯片的发明也属于这样的"神来之笔"。

一天，几个法国人来到一家美国印第安人开的餐厅就餐，他们要吃油

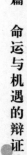

第三篇 命运与机遇的辩证法

炸食品，但当厨师把当地的油炸食品端出来后，几个法国人嫌太厚、太硬，要求厨师更换。厨师克鲁姆知道后很生气，但又不好对顾客发脾气，于是他随手从菜篮里拿过一只马铃薯，切成很薄的片，随即扔到油锅里，等颜色变黄出锅后就送到了法国客人的桌上。没想到法国人惊呼：美味！从此，炸薯片便成了众口所好。

可见，**生活中的偶然不容忽视，也许它会为你开启成功的大门，给你带来不可估量的财富和惊喜。**

当然，成功不是偶然，但抓住偶然的机遇完全可以直达成功。当今被国内外都接受和认可的许多著名演员，起初并不是一个很优秀的学生，其表演的基础不是很好，成绩也一般。尽管她们很有毅力、有信心、有吃苦耐劳的精神，但如果不是因为有了偶然的机会遇到大导演，也很难成为大红大紫的国际影星，登上演艺界的顶峰。

拥有众多歌迷的周杰伦，读书时各门功课都很差，但他有得天独厚的音乐天赋。高中毕业那年正赶上台湾淡江中学第一届音乐班招生，由于他高中联考只考了一百多分，只好报音乐班碰碰运气，没想到竟考上了。从此，他便如鱼得水，自感天赋在一个小小天地里得到了认可和发挥，这加强了他让这种天赋作用于未来社会的想法。

1997年，周杰伦还是一个无名小卒，但他对音乐的喜爱和痴迷已经得到周围人的认可。9月的一天，他的表妹偷偷地在台湾著名娱乐主持人吴宗宪主持的节目《超级新人王》里替他报了名，当时周杰伦不敢自己去表演，就找人替代，而他只在一边默默地做伴奏。虽然那次他们演得一塌糊涂，但他对音乐的认真态度却深深打动了吴宗宪，他要求周杰伦做他的音乐制作助理。起初，周杰伦写的歌别人都拒绝演唱，经过两年时间的磨炼，在吴宗宪的帮助和鼓励下，周杰伦终于出了自己的第一张专辑《Jay》，从此一举成名，一发而不可收。

试想，如果当年淡江中学不开办音乐班，周杰伦上的只是普通高中，那他充其量只能把音乐当成差生聊以自慰的精神安抚剂；如果他的表妹不给他报名参加《超级新人王》，他遇不到吴宗宪的任用和推举，能否做到现在的成绩是很难说的。

无论是蛋卷冰激凌、炸薯片的发明，还是章子怡、周杰伦的成功，都离不开机遇。虽然这些机遇大家事先并不明了，但是他们却在机遇偶然发生后将其抓住了，并从此走上了成功之路。

心灵悄悄话
XIN LING QIAO QIAO HUA

对于现在依然普通的你我而言，要想改变眼下的状况，就要开阔自己的思路，勇于尝试，乐于接受挑战，时刻做好准备，因为你不知道什么时候的偶然事件就能改变你的一生。所以，重视偶然发生的一切你才不会同机遇擦肩而过。

把握今天,成就未来

昨天是一张作废的支票,明天是一张期票,而今天则是你唯一拥有的现金。

从前,有座古寺,香火旺盛。在寺里有一只小蜘蛛,每天受到佛理的熏陶,它渐渐有了佛性。有一天,佛祖光临了寺庙,他问蜘蛛:"世界上什么才是最珍贵的?"蜘蛛想了想,回答道:"世间最珍贵的是'得不到'和'已失去'。"佛祖点点头,离开了。于是每过一千年,佛祖就来问蜘蛛一次,得到的答案是一样的。这期间,曾有一天,风将一滴甘露吹到了蜘蛛网上,蜘蛛望着晶莹透亮的甘露,很是开心,觉得这是几千年最高兴的一天,然而又一阵风来将甘露吹走了,蜘蛛一下子感到万分难过和惋惜,于是更加坚定了它的看法。

这时佛祖又来问同样的问题,蜘蛛仍然说是得不到和已失去。佛祖说:"那好吧,既然你有这样的认识,我就让你到人间走一遭吧。"

蜘蛛投胎到了一个官宦家庭,成了一个富家小姐,父母为她取名为珠儿。珠儿长到16岁时,十分漂亮。适逢皇帝宴请新科状元甘鹿,来了许多美女,当然包括漂亮的珠儿和皇帝的小公主长风,大家都被甘鹿的才艺倾倒,争着跟状元接近,可珠儿一点也不紧张,她觉得甘鹿是佛祖赐予她的姻缘,迟早是她的。但是几天后,皇帝下诏,命新科状元甘鹿和长风公主完婚,珠儿和太子芝草完婚。这一消息让珠儿无法接受,她整日不吃不喝,就快死了。太子芝草知道了,急忙赶来,扑倒在床边,对奄奄一息的珠儿说道:"那日,在后花园众姑娘中,我对你一见钟情,我苦求父皇,他才答应。如果你死了,那么我也就不活了。"

说着太子就要自杀。这时佛祖显灵了,他对珠儿的灵魂说:"蜘蛛,你是否想到,甘露是由谁带到你这里来的?是风带来的,最后也是风将它带走的。甘鹿是属于长风公主的,他对你不过是生命中的一段插曲。而太子芝草是当年圆音寺门前的一棵小草,他看了你三千年,爱慕了你三千年,但你却从没有低下头来看过他。蜘蛛,我再来问你,世间什么才是最珍贵的?"蜘蛛听了之后恍然大悟,她对佛祖说:"世间最珍贵的不是'得不到'和'已失去',而是把握现在。"刚说完,佛祖就离开了,珠儿活了过来,看到要自刎的太子,她打落宝剑,和太子紧紧相拥。

人的生命是短暂的,与其沉醉于昨天的成绩与辉煌,沉迷于对未来的美好幻想,不如把握现在,珍惜拥有,这样生活才会丰富多彩,生命才更有意义。

昨天是回忆,它即使再辉煌已经过去,明天是畅想,但只能是畅想。只有今天是你可以把握的。今天是一条纽带,连着过去和未来,只有把握今天,才能巩固昨日的辉煌;只有把握今天,才能实现明天的梦想。所以人最当珍视的是今天。

今天,只有短暂的二十四个小时,是一年的三百六十五分之一。但我们经常会说:"明天我一定好好学""明天我再干……""等明天……"

本来今日可以完成的事情却要拖到明天,那明天呢?是不是又要拖到明天?明日复明日,明日何其多?!

莎士比亚曾说:"抛弃时间的人,时间也会抛弃他"。革命先烈李大钊说:"我以为世间最可贵的是'今',最易丧失的也是'今'。因为它最容易丧失,所以更觉得它宝贵。"

有人会说,不就是一天吗,耽误了还不是一样?历史上因为等一天而耽误的事例并不在少数。1814 年 6 月 17 日,拿破仑在击败普鲁士军队以后,错误地让军队休息了一天,6 月 18 日才开始进攻固守在滑铁卢的英军,结果给了英军构筑工事的时间,从而导致 18 日滑铁卢一战的惨败。试想,拿破仑抓住战机,马不停蹄地进攻英军,那么欧洲的历史将会重写,拿破仑统治的法国将更加强大。

"明日复明日，明日何其多，我生待明日，万事成蹉跎。"这是一句至理名言。真正成功的人对未来有宏大的规划，却知道千里之行，始于足下。只有抓住这一秒，才能抓住明天的成功。

曾经有一家饭店，由于同行多，生意总是不兴隆。为了使生意红火，那主人想出了一个办法，在饭馆门口打出广告："明天吃饭不要钱"。果然第二天这饭店里人头攒动，无一虚席，然而吃完饭，顾客们要走，店主人却拦住要饭钱，有人觉得不可思议，说："今天吃饭不是不要钱吗？"店主人笑了一笑："那写的是'明天吃饭不要钱'，不是今天！"无奈，众人留下钱走了。店主人的腰包又鼓了，本以为这样一来就没人到这来吃饭了，可是这个镇上每天都有过路人，所以每天都有人上当受骗，这样一直持续了很久。

"明天吃饭不要钱"，吸引了众多贪便宜的人上当受骗，这些人总认为明天会有天上掉馅饼的好事，可他们不知道"明天"虽然写在纸上，但明天却很遥远，可望而不可即，有谁能说出"明天"究竟是哪一天呢？

懦弱人的三天是后悔昨天、发愁明天，结果耽误了今天。积极人的三天是总结昨天，做好（把握）今天，展望明天。抓住今天，才能把握未来。

齐白石是我国著名的画家，他坚持每日作画，除身体和心情不适外，无一日不动笔，终于成为一代画家宗师。

朱自清曾在散文《匆匆》中写道："洗手的时候，日子从水盆里过去；吃饭的时候，日子从饭碗里过去；默默时，便从凝然的双眼前过去。我察觉他去得匆匆了，伸了手遮挽时，他又从遮挽着的手边过去；天黑时，我躺在床上，他便伶伶俐俐地从我身上跨过，从我脚边飞去了。等我睁开眼和太阳再见，这算又溜走了一日。""他"指的就是今天的分分秒秒，稍不注意，就会流逝。

有些人总把时间当日历来撕，以为撕完一本还有一本，结果撕到头时，才发现生命也到头了，终成了"老大徒伤悲"的憾事。

《钢铁是怎样炼成的》主人公保尔·柯察金曾说过："人最宝贵的是生命，生命对于每个人只有一次。一个人的生命是应当怎样度过的呢？当他回首往事的时候,不因虚度年华而悔恨;也不因碌碌无为而羞愧。这样,在他临死的时候,他能够说:我的整个生命和全部精力,都已献给了世界上最壮丽的事业——为人类的解放而斗争。"

今天,是我们所能抓住的,属于自己的,就要放手去博,不要让你明天回想起来的时候为今天感到羞愧。

心灵悄悄话
XIN LING QIAO QIAO HUA

一个个"现在"相加就是美好的未来。你不能决定生命的长度,但你可以扩展它的宽度;你不能控制他人,但可以好好地掌握自己;你不能全然预知明天,但你可以充分利用今天;你不能要求事事顺利,但你可以做到事事尽心。

第四篇　成功与失败的理由

　　成功和失败，自从人类诞生的那一天起，它们就携手来到了世上，成功与失败的出现可以说是历史发展的必然产物，历史在成功与失败间得以前行。但人们总认为失败所代表的是深渊、是低谷、是无法战胜、无法翻越的高墙、是所有的悲哀与不幸。其实，成功的背后是用失败砌成的台阶，如果没有这一层一层的台阶，我们可能永远呆站在原地，无法迈出任何一步。

　　看到别人成功，我们总是羡慕。但是我们也要看到他们成功背后所付出的代价。成功都是由许多辛酸和汗水所结成的果实。如果没有汗水和辛勤的劳动，成功是不会主动靠近你的。

成功的秘诀

什么是成功的秘诀？A＝X＋Y＋Z，A代表成功，X代表艰苦劳动，Y代表正确方法，Z代表少说废话。

一个老人以低价买下一块长满野草无人问津的荒地。

老人每天早上六点就开始工作：除草、松土、下种、浇水、施肥、捕虫。每天都忙到太阳下山后才收工回家，真正是日出而作，日落而息。在老人辛辛苦苦地工作半年后，这片原来无人问津的荒地已经长满了鲜艳夺目的花树了。

这片艳丽的花园吸引了无数的人们，人家都赞不绝口，有一个人忍不住上前对老人说：

"老伯，你的花园真美，我非常羡慕，看来上帝真的很照顾你啊！"老人笑笑回答说："先生，也许上帝真的很照顾我，但你是否知道我每天早上六点就开始努力地工作直到傍晚才收工呢？"

看到别人成功，我们总是羡慕。但是我们也要看到他们成功背后所付出的代价。成功都是由许多辛酸和汗水所结成的果实。如果没有汗水和辛勤的劳动，成功是不会主动靠近你的。

商纣王时期，昏君当道，很多有识之士冤死在狱中。

这一天，关押囚犯的地牢里又进来了两个人，他们是一对父子，据说是周武王的手下。

儿子和很多人一样，一进牢房就完全绝望了，进了这里，只有死路一条,以往从来没有犯人从这里活着出去。

父亲安慰儿子,一定会想出办法的,一定会有希望的。

有一天,父亲半夜被冻醒,隐隐约约听到有水流的声音。仔细一听,确实是水流的声音,白天之所以听不见是因为过于喧哗。这个重大的发现让父亲惊喜不已,更让他兴奋的是,水流的声音就在他们这间牢房。也就是说,如果从牢房的泥墙一直往外面打洞,就有机会从暗道逃离监狱。父亲按捺不住心中的喜悦,把儿子弄醒了,告诉了他这个惊人的发现。

儿子摇摇头:"这怎么可能呢!像我们这样的处境,什么工具都没有,还到处都有狱卒经常查房。"

父亲为儿子打气说:"没有什么不可能的!与其坐在这里等死,还不如为自己争取一线生机。我们每天挖一点,总有一天会挖出一个暗道来。"

见父亲意志坚决,儿子就依了父亲。

于是父子俩利用放风的时刻搜寻任何可以用来刨土打洞的工具。他们找来锋利的石块和木棍,甚至还找到一根半截的长矛,这半截长矛更是为他们增添了无穷的信心和勇气。父亲还谎称有画画的习惯,向狱卒借来了笔和纸,画了一幅画,以做掩盖洞口之用。

白天,父子俩和其他的囚犯没有任何的区别。晚上,他们就开始了秘密行动。这是一项艰巨和危险的任务。父子俩轮流上岗,其中一个人打掩护。当一个人打洞的时候,另一个人故意弄出很高的鼾声。就这样,过了一年又一年,很多时候,儿子快要坚持不住了,父亲总是信心十足地鼓励他,为他描绘逃出去的美好生活。

十年后,父子俩终于把暗道打穿了,在一个月黑风高的午夜,父子俩成功逃出了监狱。

武王隆重接待了这对父子。一年后,武王伐纣,父子俩立下了汗马功劳。

如果这父子俩等着被处死,也就不会从监狱里逃出来了。

许多人整天幻想自己有了别墅,有了车,有了公司……总是活在幻想里,做起工作总是应付,这样的人穷极一生,也不会有大作为。而有些人却脚踏实地地走好每一步,设定好目标,朝着目标前进,他们终会获得成功。

大部分人在一生中都不会一帆风顺,难免会遭受挫折和不幸。但是成功者和失败者非常重要的一个区别就是,失败者总是把挫折当成失败,因而使每次挫折都深深打击了他追求胜利的勇气;成功者则是从不言败,在一次又一次挫折面前,总是对自己说:"我不是失败了,而是还没有成功。"一个暂时失利的人,如果继续努力,打算赢回来,那么他今天的失利,就不是真正失败。相反的,如果他失去了再次战斗的勇气,那就是真的输了!

困难在强者面前低头,弱者在困难面前倒下。

出生的时候,我们都是普通人,所有人都是一样的,享受在这个世界上的共同资源、阳光、空气、水……刚刚来到这个世界的时候,我们都一样,第一声啼哭,牙牙学语,蹒跚学步,上学读书,然后是毕业,工作,结婚生子,步入中年,最终生命结束。生老病死,喜怒哀乐,所有人都要经历,而最终的结局也是一样的。

但是纵观人的一生,却有那么大的差别:有的人功成名就,赢得生前身后名;有的人碌碌无为,直到临死,依然困顿。

为什么人与人之间有这么大的差别呢?除了我们无法改变的家世背景外,就在于一个人的生活态度,看他是否能经得起艰难困苦。

面对困难和逆境的时候,有的人胆怯,有的人黯然神伤,有的人悄然离去,有的人却选择对抗,终有所成就。

美国著名电台广播员莎莉·拉菲尔在她30年职业生涯中,曾经被辞退18次,可是她每次都放眼最高处,确立更远大的目标。最初由于美国大部分的无线电台认为女性不能吸引观众,没有一家电台愿意雇用她。她好不容易在纽约的一家电台谋求到一份差事,不久又遭辞退,说她跟不上时代。莎莉并没有因此而灰心丧气。她总结了失败的教训之后,又向国家广播公司电台推销她的清谈节目构想。电台勉强答应了,但提出要她先在政治台主持节目。"我对政治所知不多,恐怕很难成功。"她也一度犹豫,但坚定的信心促使她大胆去尝试。她对广播早已轻车熟路了,于是她利用自己的长处和平易近人的作风,大谈即将到来的7月4日国庆节对她自己有何种意义，还请观众打电话来畅谈他们的感受。听众立刻对这个节目产生兴趣，她也因此而一举成名了。如今，莎莉·拉菲尔已经成为自办电视节目的主持人，曾两度获得重要的主持人奖项。她说："我被人辞退18次，本来会被这些厄运吓退，做不成我想做的事情。结果相反，我让它们鞭策我勇往直前。"

只有经历艰难困苦，才能超越常人。不是提倡一个人刻意去经受磨难，或是说为了有所成就而自找罪受。而是说，有所成就的人，一定会经历过许多别人没有经历过的或是无法应对的事情，因为不止一次地面临困境，所以，首先人的能力会有所提高；其次人的经验会有所增长；再次人的毅力和忍耐力也会有所增强。有100个人面临失业、背叛、走投无路，其中可能有一个人自杀；50个人勉强度日，但是从此失去了生活的勇气；有49个人选择继续前行。又一次困难来袭，有10人不堪忍受放弃，35个人中途退出，有的人在前行中失去了生命；而笑到最后的和笑得最美的可能只有一两个人。所以，世界上的伟人很少。有所成就的淘汰率也是惊人的。而不断地超越人生困境的人，其苦涩和快乐都是双倍的。

美国百货大王梅西于1882年生于波士顿，年轻时出过海，以后开了一间小杂货铺，卖些针线，铺子很快就倒闭了。一年后他另开了一家小杂货铺，仍以失败告终。

在淘金热席卷美国时，梅西在加利福尼亚开了个小饭馆，本以为供应淘金客膳食是稳赚不赔的买卖，岂料多数淘金者一无所获，什么也买不起，这样一来，小铺又倒闭了。

回到马萨诸塞州之后，梅西满怀信心地干起了布匹服装生意，可是这一回他不只是倒闭，简直是彻底破产，赔了个精光。

不死心的梅西又跑到新英格兰做布匹服装生意。这一回他时来运转了，他买卖做得很灵活，甚至把生意做到了街上开了家商店。头一天开张时账面上收入仅有11.08美元，而现在位于曼哈顿中心地区的梅西公司已经成为世界上最大的百货商店之一。

如果一个人把眼光拘泥于挫折的痛感之上，他就很难再抽出身来想一想自己下一步如何努力，最后如何成功。一个拳击运动员说："当你的左眼被打伤时，右眼还得睁得大大的，才能够看清敌人，也才能够有机会还手。如果右眼同时闭上，那么不但右眼要挨拳，恐怕连命也难保！"拳击就是这样，即使面对对手无比强劲的攻击，你还是得睁大眼睛继续搏击，如果不是这样的话一定会失败得更惨。其实人生又何尝不是这样呢？

生活中其实没有绝境，绝境在于你自己的心没有打开。你把自己的心封闭起来，使它陷于一片黑暗，你的生活怎么可能有光明！封闭的心，如同没有窗户的房间，你会处在永恒的黑暗中。但实际上四周只是一层纸，一捅就破，外面则是一片光辉灿烂的天空。

人是不完美的，我们一辈子的努力就是使自己变得更加完美的过程，我们的一切美德都来自克服自身缺点的奋斗。

有些人一生没有辉煌，并不是因为他们不能辉煌，而是因为他们的头脑中没有闪过辉煌的念头，或者不知道应该如何辉煌。

在我们的生活中最让人感动的日子总是那些一心一意为了一个目标而努力奋斗的日子，哪怕是为了一个卑微的目标而奋斗也是值得我们骄傲的，因为无数卑微的目标积累起来可能就是一个伟大的成就。金字塔也是由一块块石头累积而成的，每一块石头都很平凡，而金字塔却是宏伟而永恒的。为了不让生活留下遗憾和悔恨，我们应该尽可能抓住一切改变生活的机会。

心灵悄悄话

XIN LING QIAO QIAO HUA

　　生命，需要我们去努力。年轻时，我们要努力锻炼自己的能力，掌握知识、掌握技能、掌握必要的社会经验。机会，需要我们去寻找。让我们鼓起勇气，运用智慧，把握我们生命的每一分钟，创造出一个更加精彩的人生。

遭遇失败后重新发现自我

如果你遇到了挫折,遭遇了失败,心情低落到了极点,情绪坏到了不能再坏的地步,那么请先让自己冷静下来,铺开一张纸,把自己的不快乐都列在这张清单上。当然,你还要找出一张纸,上面写上你可能得到幸福的事情,不要放过任何一个快乐的源泉,比如你长得漂亮,你的身体很健康,你的家人对你很好,等等。紧接着,你就可以对比了。这个时候,你就会发现,让你快乐的理由远远大于悲伤和难过的。既然如此,你就不该再将自己放置在悲伤痛苦的阴影当中了,而是要在困境中沉静下来,去审视自己过往的言行,重新去发现自己、认识自己。

多年以前,有一个女孩因为错手伤了人而坐牢了,尽管后来被释放,她仍然很痛苦,就到教堂祷告,希望上帝能够分担她的痛苦。看到女孩一脸悲伤,一位牧师问她发生了什么事。这个女孩哭了,她泣不成声地说:"我好惨啊,我多么的不幸啊,我这一辈子都忘不了这件事情了……"

听罢她的陈述,牧师对她说:"这位小姐,你是自愿坐牢的。"

这个女孩被牧师的这句话吓了一跳,说:"你说什么?我怎么可能自愿坐牢?"

牧师对她说:"你尽管已经从监狱里出来了,但在你的心里,天天心甘情愿地被关在牢,那你不是自愿坐在心中的牢狱里吗?"

"这是什么意思呢?"女孩不解地问。

"在你身上的确发生了一件不好的事情,你的身体已经从遭受的惩罚中解脱出来了,但是你还是没有让你的心灵解脱出来。你天天在抱怨自己的委屈,让自己的心灵处于怨恨之中。可曾想过,自己在这个过程中是否反思过自己以往的言行就没有一点不当之处吗?如果你反思了,以后就纠正它，你以后就减少一点痛苦。如果没有，痛苦你已经承受了，对以后也没有任何的好处。"

生活中的困境无处不在，你是怨天尤人，忧虑度日，接受折磨，还是更加奋勇前进，这取决于你的心态。 你的心态会决定你的命运。把困境的折磨当成自己前进的动力，使自己经受折磨的雕琢，审视自己以往的言行，为以后的成功做好铺垫，才是你最明智的选择。

在一家广告公司工作的李雪，平日里的生活颇有小资情调，经常会去咖啡馆享用香浓的咖啡、精致的甜点、优雅的环境。每个月她在咖啡馆的消费都超过 1500 元。这使她萌生了开一家咖啡馆的念头，她考虑将地点选在自己住的小区内。因为她认为在繁华的商业区市场基本上被挤占尽了，而自己的本钱又不多，所以就考虑投资成本低一些的地段，而她住的小区基本上都是公司白领，也有很多人是 SOHO 一族，消费量应该不错，每年的盈利应该维持在 5 万左右。她征求周围朋友的意见，大家都非常认同。所以，她毫不犹豫地辞掉了工作，专心投入咖啡店的经营，积极地租店面、装修、引进设备、招聘服务员。经过认真筹备后，咖啡店终于开业了。她以 7 折优惠吸引顾客的注意。

刚开始，前来的顾客数量可观。但是，一个月之后，店里就冷冷清清，再接下来就入不敷出了。扣除了工人的工资、水电费、租金后，不仅没有盈利，反倒亏本。三个月后，咖啡店只能关门了。经历了创业初期的失败后，李雪非常痛心。不仅没有盈利，还把自己辛苦几年积攒下来的十多万元以及父母的部分积蓄搭进去了。这使她开始反思自己创业的想法是否正确？究竟自己的问题出在哪里？渐渐她明白了，自己没有进行充分的市场调研，仓促上马，对市场的需求了解很不够。自己当初仅仅是咖啡的消费者，而对咖啡店的经营并无研究。痛定思痛之后，她把自己创业失败的原因考虑得非常清楚。后来，她决定创业还是要找到自己擅长的行业，于是她就开始考虑经营一家摄影工作室。由于前期的准备非常充分，摄影工作室的经营状况使她尝到了创业的甜头。

在生活中，我们可能要面对很多的困境，工作中的、感情上的……只有你在困境中敏锐地审视自己，才能感受到自己的成熟，你的人生才会成长得更快。

疾病、失败、逆境都可能会伤害我们的生命之花。但是，在我们每个人的一生中这些又是不可避免的。要想让生命的花朵永远保持鲜艳，就要从疾病中战胜病魔，从奄奄一息中战胜死亡，从逆境中战胜困难，自强不息地追求自己的人生目标。

很多人抱怨苦难，害怕苦楚，是因为他们没有体会到胜利后的喜悦。真正有成就的人，他们不会惧怕生活的考验，而只怕生活给予他们的考验不够多。

22 岁那年，麦吉在一次事故中不幸失去了左腿。失去左腿后不到一年，麦吉开始练习跑步，不久便开始参加 10 公里赛跑。随后麦吉又参加纽约马拉松赛和波士顿马拉松赛，打破了伤残人士组纪录，成为全世界跑得最快的独腿长跑运动员。

接着麦吉进军三项全能。那是一项极其艰难的运动，要一口气游 3.85 公里、骑脚踏车 180 公里、跑 42 公里的马拉松。这对只有一条腿的麦吉来说，无疑是一个巨大的挑战。比赛中，麦吉骑着脚踏车以时速 56 公里疾驰，带领一大群选手穿过米申别荷镇，群众夹道欢呼。突然间，麦吉听到人们的尖叫声。他扭过头，只见一辆黑色小货车朝他直冲过来。麦吉的记忆停留在了那一瞬间：群众尖叫，自己的身体飞越马路，一头撞在电灯柱上，颈椎瞬间折断。

麦吉醒来时，发现自己躺在重症病房，一动也不能动。周围的护士流着眼泪，一再说："我们很难过。"麦吉四肢瘫痪了，那时他才 30 岁。庆幸的是，麦吉并不是完全瘫痪——手臂能抬起一点点，坐在轮椅上身子可以前倾，双手能做一些简单动作，双腿有时能抬起几厘米。麦吉有点激动，因为这意味着他有了独立生活的可能，无须 24 小时受人照顾。经过艰苦锻炼，自认为"很幸运"的麦吉渐渐进步到能自己洗澡、穿衣服、吃饭，甚至能够开经过特别改装的车子。医生对此都大感惊奇。接着，医生开始对麦吉重伤的脊椎进行治疗。医院对脊椎重伤病人的治疗好似施行酷刑。他们先给麦吉装上头环：那是一个钢环，直接用螺钉装在颅骨上，然后把头环的金属撑条连接到夹在麦吉身体两侧的金属板上，以固定麦吉的脊椎。安装头环时只能局部麻醉,医生将螺钉拧进麦吉的前额时,麦吉痛得直惨叫。

两个月后,头环拆除,麦吉被转送到一家康复保健中心。在这里,他发现有这么多与他命运相同的伙伴,眼前的处境也并不陌生,伤残、疼痛、失去活动能力、复健、耐心锻炼——所有这些他都经历过。于是,麦吉永不向命运低头的精神又回来了。他对自己说:"你是过来人,知道该怎样做。你要拼命锻炼,不怕苦,不气馁,一定要离开这鬼地方。"其后几个月,麦吉康复的速度之快,出乎所有人预料。

脖子折断仅仅6个月,麦吉便重返社会,开始独立生活。大约又经过6个月之后,他在三项全能运动员大会上,以《坚韧不拔和人类精神力量》为题,发表了激动人心的演说,获得了最热烈的掌声。然而,即使康复过程顺利,病人迟早要遇上一道墙:康复中止,残酷的现实浮现。麦吉遇上了这道墙。当时他身体可复原的已复原了,其他部位,不管怎样努力始终无法改变:手臂永远不可能再抬到高过头顶,而且他永远不能再走路了。

明白这一点之后,向来不屈不挠的麦吉也泄气了。后来,麦吉获得380万美元赔偿金,他决定迁居夏威夷。当时他对朋友说,他想去那里开始写自己的回忆录。其实,这完全是一种逃避现实的借口。麦吉有个不想让任何人知道的秘密:他患上了毒瘾。脖子折断后的第三年,麦吉认识了一个女人,她递给他一些可卡因,温柔地说:"试试这个吧。你够苦了,没人会怪你这么做。"

麦吉心想:"对啊,没人会怪我的。"

一天凌晨,麦吉吸毒之后,转着轮椅来到一条寂静公路的中央。那是阿里道。麦吉曾在阿里道赢得辉煌胜利,而这时他却在道上思量去哪里再弄些可卡因。这是现实的嘲弄,还是命运的捉弄?麦吉的心被刺痛了。"我才33岁,不想离开这个世界,"他想,"当然,我也不想四肢瘫痪,但既然无法改变这事实,只能学会好好活下去。"

麦吉开始试着从另一角度看待眼前的处境:"也许我的遭遇并非坏事,而是上天给我的美妙恩赐,令我有机会真正了解自己。"

从此,麦吉彻底改变了,又回到了生命的正常轨道。

梅花香自苦寒来。当我们身处困境之时,也许我们的身体还在受苦、物质上还很清贫，但是我们不能就此消沉、萎靡不振，要知道我们的精神还处于自己的掌握之中。提前释放自己的精神，用自己的思想指引行动，从而战胜一切困难，让自己的生命之花分外娇艳、光彩照人。

心灵悄悄话
XIN LING QIAO QIAO HUA

只要自己的信心不倒，不利的环境并不能阻碍一个人的发展。在逆境中，更要坚韧不拔，让生命之花傲然绽放。

成功的唯一阻碍是自己

在我们处于幼儿的时期,我们对世界知之甚少。很多事情,我们都不知道该如何去做,同时也不知道什么事情不该做。那个时候,我们的头脑中条条框框都很少。然后,我们慢慢长大,知道了什么被允许做,什么不被允许做。我们知道了火会烧伤人,不会因为好奇或是被它的美丽所诱惑而伸手去碰,因为有一次被灼烧的经历就能让我们记住一辈子。我们知道下雨要打伞,在冰上走路要小心,不能拿棍子去捅马蜂窝。我们还知道了上课要保持安静,要遵守学校纪律,不要顶撞老师,不管他有没有道理……我们还知道了各种数学定律,考试的作文一定要积极向上,不能早恋,不能颓废,不能……

我们知道了很多的东西,但也失去了很多的东西,我们记住了被火烫的情景,却忘记了探索怎样才能不被火烫的好奇心。我们能自己挣钱买蜂蜜吃,却没有勇气去做孤注一掷就可能成就大业的事情,因为我们害怕"不可能",知道了什么是规则,却不知道规则的意义。这就是墨守成规,这就是因循守旧,这就是故步自封,这就是循规蹈矩,这也就是无法成功的原因。

只有在我们懂得失去很多很多的时候,才明白过来,自己已经陷于平庸。

我们会在第一时间判断,做一件事情有利还是有弊,周围人的看法,要承担多少风险,然后告诉自己不能这么做,不能那么做,于是只能等着失败的到来。在第一时间对自己说不的人,常常会失去成功。所以说,成功的唯一阻碍是自己。只有打破自己给自己下的瓶颈,才能更进一步。

一个人要成功必须具备五大要素：A. 自身努力；B. 高人指点；C. 贵人相助；D. 小人监督；E. 上帝保佑。

做任何事情，首先必须是自己要有实力，要有真本事，俗话说："打铁还要自身硬"，自身努力是一个成功者最基础的条件。我们生活在一个群体的社会，身边有不同文化层次、修养的人，还有一些与我们之间存在利益关系的人。一旦自身出现问题，难免遭人议论，受到法律法规的约束。这样，你做事的动力和压力就更多，你做每一件事都会认真细致，会顾及别人的言论，顾及法律法规。无形中，你就对自己的言行举止都小心翼翼，哪些该做哪些不该做，就有了初步的价值取向，这就减少了你糊涂和犯错的概率，反而促进你向成功靠拢。"上帝保佑"，在这里不是迷信，也不是去求神拜佛，而是强调机遇和运气的重要性。有些人才华能力都有，苦于没有机遇。即使有机遇，也常常错过。

当我们准备向某一个目标出发或者正在向这目标跋涉的路途中，总会有各种各样的恐惧、担忧和困难阻止我们的行动。而这些恐惧、担忧和困难在一个缺少自信的人那里又往往被无限夸大，使我们的行动不是被实际情况所支配，而是受想象中的环境所左右。

美国著名田径运动员迈克尔·约翰逊，他从小就显现出非凡的运动天赋。可是在他成功的道路上，唯一阻碍他的，是他有违常规的跑步方式。他的姿势很难纠正过来，一到比赛时，他的跑姿就变成了笨拙的"鸭子"姿势，以致后来没有一个教练愿意再辅导他。无奈，为了自己的梦想，他自己做起了自己的教练，依然不改往常的跑步姿势。在比赛时，每当站在起跑线上，他只要一摆出那奇特的姿势，观众席上就发出哄笑，但是他从不在乎这些，他要超越的是他自己，他总是说："不错，虽然我是一只难看的鸭子，但是谁也无法阻挡我以自己的方式飞翔。"凭借这样的毅力，他赢得了多场比赛的桂冠，用意志书写了自己的传奇——成功，是与自己抗衡，沿途的阻碍都不是决定成功的关键，成功的关键，在于自己。

世界很大，人生之路很长。无论是灾难还是幸福，无论是成功的鲜花还是失败的哀叹，都是通过自身的努力，也只能通过自身的努力来构成你五光十色、结局各异的生活。每一个渴望更加美好生活的人都必须首先是一个能够战胜自己、把握自己的人；那些在生活面前碰得头破血流的大都不是因为来自外部的邪恶势力或者巨大灾难超出了一个人的承受能力，真实原因仅仅是他无法跨越那最大的障碍——自己。

我们给自己的限制，常常是因为我们给自己定位在一个层面上，认为超出这个层面，我们就做不成任何事情。

一个80岁的老先生与一位年轻的世界大力士比赛挖土，请问，谁挖的土多，且快？

答案是：80岁老先生。为什么呢？

因为大力士用的是铲子，一铲一铲地挖，既费力，又费时。而80岁老先生却是开着装有空调的挖土机来挖，当然结果就很明显了，80岁老先生是既省力又不流汗，挖的土是大力士的百倍。

使用的工具不同，结果就不同。此时的工具就是"定位"的意思。

有两位地主，一位可称得上是大地主，因为他拥有1000亩土地，另一位则是非常小的地主，他仅有3亩土地。请问哪位地主比较富裕？

答案是：仅有3亩的小地主。为什么呢？

因为大地主的1000亩土地是在喜马拉雅山山顶，终年冰天雪地，杳无人烟；而小地主的3亩土地，却是坐落在上海闹市区。土地的价值不是取决于大小，而是"定位"。土地的定位是注定的，但人的定位是可以改变的。换言之，人的命运也是可以改变的。

你要检查给自己的定位，不要被原有的思想固定住。人最可怕的其实是自己的思想，如果思想封闭了、停止了，世界的一切对这个人来说也就封闭了、停止了。明确自己的人生目标，你才能有所成就。

不要重复完成挑战性低的工作，它们除了让你成了熟练工，不会让你的能力提升。给自己安排一些需要提升能力才能完成的任务，这样能力才会不断地提高，离理想也会越来越近。只做自己会做的，逃离了风险和麻烦,也远离了成功和进步。

成功的第一步就是:战胜自己,战胜自己的惰性、虚荣心、骄傲……只有战胜自己,你才能战胜一切。

心灵悄悄话

XIN LING QIAO QIAO HUA

目标要确立得恰当,不能太不符合实际。实际的目标应该是具体的,有步骤的、可操作的,执行起来能够有效果的。但是也不要将目标定得太低,不要给自己安排一些你已经很熟悉的东西。

自强不息，成就自己

《周易》云：天行健，君子以自强不息。

自古以来，我国都提倡人要自强自立。自强者方可成大业，贪图安逸最终只会平庸无为。陶行知先生曾说："滴自己的汗，吃自己的饭，自己的事情自己干，靠人靠天靠祖宗，算不了好汉。"人生的道路总是曲曲折折的，不会一帆风顺。**一个人有了自强自立的精神，就会有勇气克服困难，使自己的生命之火熊熊燃烧，就可以迎接生活的挑战！**

只有在逆境中自强不息，方能克服种种困难，迎向人生的光辉。李丽是一个漂亮的女孩，但是在她四岁的时候，患上了进行性营养不良的绝症，医学上很难治愈。她父母坚持为她治疗，并教育她要自强不息，勇敢面对困难。

由于身体原因，她小学基本是在家中上完的。中学时起坚持到学校上课，初中毕业后考取了重点高中，又因为学业优秀，被保送到某大学，后来又被保送到该大学读研究生。

李丽虽然一直在配合治疗，但是她的疾病治愈的希望已经不是很大，手臂保持水平姿势都很困难，行动要靠轮椅，要别人的帮助。每天的起居需要父母、爷爷的照顾，在学校需要老师、同学的帮助。在这种状态下，李丽除了学习计算机专业的课程，还选修了日语作为第二专业，业余时间自学电脑网页设计制作。

李丽是不幸的，但又是幸运的，她自强不息的精神感动了身边的人，让人们深深折服于她面对生活的勇气。

在面对困难的时候，鼓足勇气，我们就会冲破人生的牢笼。

欧洲瓷都——麦森，是德国的一个小镇，位于厄尔士山脚下，毗邻捷克。这里的陶瓷制品闻名世界。与陶瓷齐名的还有一个人，他叫贝特格。三十多年前，贝特格还是麦森陶瓷厂里的一位垃圾工。

麦森陶瓷厂的技师是一位意大利人，他叫普塞。麦森陶瓷厂完全靠这位技师和他的几个徒弟支撑。有一天，厂方因为跟普塞技师意见不合而发生争执，普塞技师一怒之下带着自己的几个徒弟回到意大利。

麦森陶瓷厂因无人接替普塞的位置而被迫停产。麦森陶瓷厂的高层领导顿时乱成了一锅粥。

就在这时，贝特格站出来向厂领导说："能不能让我试试？"厂领导不停地摇头："就你，一个垃圾工也想干技师的活？"贝特格当即从家里拿来了自己烧制的一个花瓶，说："请您看看这个，它的质量跟咱们厂的产品相比哪个更好？"厂领导看后，一个个目瞪口呆，纷纷问贝特格："这个花瓶真的是你烧制的？"贝特格肯定地回答说："是的。"原来，这个在厂里毫不起眼的干了近十年的垃圾工，居然每天都在偷学普塞技师的手艺，连厂方正式派去跟普塞技师学艺的工作人员都没能学到的东西，却被贝特格全部学会了。

厂方问贝特格："你有什么需要，尽管提出来。"贝特格说："我现在的月工资是20马克，能不能将我的月工资提高到30马克？"贝特格害怕厂领导不答应赶紧解释说："我依然还做我的垃圾工，我只是兼职做技师而已，因为我的母亲患有严重的哮喘病，每月需要服用10马克的药物，而我的工资只够全家人每月的生活费。"

原来，贝特格非常羡慕那些学徒工，他们每月可以拿30马克，而自己则只能拿到20马克。于是，为了向学徒工看齐，更为了母亲每月能够吃上药，他偷偷地学起了烧制陶瓷的手艺。

厂领导回答说："只要你能够取代普塞，你不但可以不再干运垃圾的工作，而且从现在开始，你的月薪也跟普塞一样，每月薪金为10000马克。"麦森陶瓷厂终于又开始运转了。贝特格，这位当初的垃圾工，做梦也没有想到自己能拿这么高的工资。如今，麦森已成德国陶器重镇，而贝特格的名气也远远地超过了意大利任何一位顶级技师。

许多人都在抱怨生活的不公,工作的不好,但是如果你有贝特格的精神,在任何领域你都可以成就一番事业。

任何机会都是留给有准备的人,这"准备"是别人不具备的才能。如果你身处一个让你很厌烦的环境,那么你就不该抱怨、发牢骚,你该潜心"准备"。当到了一定时机,就选择离开,寻找适合自己的舞台。其实人无论在哪里,都能学到东西,就看你能不能发现。

孟子曾说:"生于忧患,死于安乐。"从古到今,过分安逸的生活葬送了许许多多原本应该在人世间有所作为的生命。春秋时期,齐国名相管仲曾经进谏齐桓公说:"宴安鸩毒,不可怀也。"

古人视贪图安逸比毒酒更害人,因为它会吞噬人们的意志。

相传中国古时候在北方的某大湖中有一个小岛,岛上住着一位老渔翁和他的妻子。平时,老渔翁摇船在湖中捕鱼,他的妻子则在岛上养鸡喂鸭,除了买些油盐,他们很少与外界往来。有一年秋天,有一群天鹅来到岛上,它们从很遥远的北方飞来,准备飞去南方过冬。老夫妇见到这群天外来客,非常高兴,因为他们在这儿住了那么多年,并没有谁曾经来岛上拜访过他们。渔翁夫妇为了表达他们的喜悦,拿出喂鸡的饲料和打来的小鱼招待天鹅,于是这群天鹅就与这对老夫妇逐渐熟悉起来。在岛上,它们不仅大摇大摆地走来走去,而且在老渔翁捕鱼时,它们还随船而行,嬉戏左右。

冬天来了,这群天鹅竟然没有继续南飞,它们白天在湖上觅食,晚上在小岛上栖息。湖面封冻,它们无法继续获得食物,老夫妇就敞开他们的茅屋让它们进屋里取暖,并且给它们喂食,这种关怀与照顾一直延续到春天来临,湖面解冻。日复一日,年复一年。每年冬天,这对老夫妇都同样不厌其烦地照顾着这群天鹅。终于有一天,他们老了,离开了小岛。天鹅也从此消失了,不过它们不是飞向南方,而是在第二年湖面封冻时饿死了。

一个人活在世界上,如果没有进取心,他们的处境就会像那群天鹅一样,虽然表面生活舒适,却潜伏着巨大的生存危机。古人云:"人无远虑,必有近忧。"

对于贪图安逸者来讲,那群天鹅的下场是足以让人引以为戒的。

巴黎有位病号,长年生病,屡治不愈。有一位名医,给他开了这样一张处方:一天一只"凯旋门苹果",不得间断,明年今日复诊。原来,凯旋门距这病号家10多英里,往返一趟20多英里,一年不间断共步行7000余英里。一年后,这病号未来复诊。医生家访,发现该病号红光满面,痊愈了。

在我国也有类似的故事。清代,太原有个杂货铺老板得了重病,到处求医,均无效果。名医傅山要他亲自去找戴过三年的旧草帽100顶,然后再配方治病。老板每天清早步行至东门,往返20多里,看农民进城赶集,遇有戴过三年的草帽,便高价收买。这100顶旧草帽整整收集了一年,老板共步行7200多里。这时,老板饭量增加,身体逐渐恢复。当他拿着100顶旧草帽来找傅山时。傅山笑着说:"病已经给你治好了!"老板这才恍然大悟。

就连人的大脑也是如此。追求奋进、勤于用脑的人,大脑能不断释放脑啡肽等生化物质,脑内的核糖核酸含量要比普通人的平均水平高出10—20%,促进健康;而贪图安逸、惰于用脑的人,其大脑机能长期被压抑,使脑啡肽和脑内核糖核酸含量降低,对健康极其不利。现代医学研究表明,人的衰老源于脑的衰老,只有保持着脑的年轻,人才能青春长驻。

心灵悄悄话
XIN LING QIAO QIAO HUA

贪图安逸的人,大多生活上懒懒散散,不思进取,工作上马马虎虎,敷衍了事,往往容易导致自身负性情绪的产生,如忧郁、沮丧、怨恨、愤怒、烦恼等,常常垂头丧气,郁郁寡欢。这种负性情绪,不仅为罹患各种疾病敞开大门,亦容易导致未老先衰。所以,想拥有健康也不能贪图安逸,要时刻进取。

寻找成功的理由

美国成功学家格兰特纳说过这样一段话：如果你有自己系鞋带的能力，你就有上天摘星的机会！让我们改变对借口的态度，把寻找借口的时间和精力用到努力工作中来。因为工作中没有借口，人生中没有借口，失败没有借口，成功也不属于那些寻找借口的人！

借口是什么，是让我们暂时逃避困难和责任的理由。但是，借口的代价却无比高昂，它带来的危害不比其他的恶习少。世界上最愚蠢的事情就是推卸眼前的责任，认为等到以后准备好了、条件成熟了再去承担才好。在需要你去承担重大责任的时候，马上就去承担，这就是最好的准备。如果不习惯这样去做，即使等到条件成熟以后，你也不可能承担起重大的责任，你也不可能做好任何重要的事情。

在工作中，我们经常能够听到各种各样的借口：

"那个客户太挑剔了，我无法满足他。"

"我可以早到的，如果不是下雨。"

……

潜台词就是，我和这件事情没有关系，我不愿承担责任。把本应承担的责任推卸给别人。一个没有责任感的员工，不可能获得同事的支持，也不可能获得上司的信赖和尊重。找借口的一个直接后果就是容易让人养成拖延的坏习惯。

寻找借口的人都是因循守旧的人，他们缺乏一种创新精神和自主自发工作的能力，因此，期许他们在工作中作出创造性的成绩是徒劳的。而借口只能让人逃避一时，而没有谁天生就能力非凡，正确的态度是正视现实，以一种积极的心态去努力学习、不断进取。

借口给人带来的严重危害是让人消极颓废。如果养成了寻找借口的习惯,当遇到困难和挫折时,不是积极地去想办法克服,而是去寻找各种各样的借口。这种消极心态就会剥夺个人成功的机会,最终使人一事无成。

优秀的员工从不在工作中寻找任何借口,他们总是把每项工作尽力做好,最大限度地满足客户提出的要求,而不是寻找各种借口推诿;他们总是出色地完成上级交给的任务,替上级解决问题;她们总是尽全力配合同事的工作,对同事请求的帮助,从不找任何借口推托和延迟。

西点军校是美国陆军军官学校的别称,因其坐落在美国纽约州东南部奥兰治县山区哈德逊河畔的西点镇而得名。200多年间,西点军校为美国培养了3位总统,5位五星级上将,3700名将军及无数的精英人才。美国前总统罗斯福在几十年前就指出:"在这整整一个世纪中,我们国家其他的任何学校都没有像西点这样,在我们民族最伟大公民的光荣史册上写下了如此众多的名字。"

不但如此,西点军校还为商业培养出大批的人才。可口可乐、通用公司、杜邦化工的总裁都出身于西点。美国商业年鉴的资料显示,二次世界大战以后,在世界500强里面,西点军校培养出来的董事长有1000多名,副董事长有2000多名,总经理、董事有5000多名。可以说,任何商学院都没有培养出这么多优秀的管理人才。

西点军校中到底隐藏着什么秘密呢?职业演说家、咨询专家、美国职业训练与发展中心创始人费拉尔·凯普。他曾任美国陆军特种部队指挥官、多家著名公司独立董事和培训专家。就在他的《没有任何借口》中明确指出,西点军校之所以培养出这么多的优秀人才,是因为"没有任何借口"。

在西点军校中,遇到军官问话,只能有四种回答:"报告长官,是";"报告长官,不是";"报告长官,不知道";"报告长官,没有任何借口"。除此以外,不能多说一个字。

"没有任何借口"所体现出的是一种负责、敬业的精神,一种服从、诚实的态度,一种完美的执行能力。正是秉持着这一重要的行为准则,西点学子在任何一个团体里都表现出了良好的团队精神和合作能力。他们具有强烈的责任心、荣誉感和纪律意识;他们自信、诚实、主动、敬业,成了可信赖和可承担重任的人。

不要只知道抱怨老板,却不反省自己。如果我们不是仅仅把工作当成一份获得薪水的职业,而是把工作当成是用生命去做的事,我们就可能获得自己所期望的成功。人们常常喜欢从外部环境为自己寻找理由和借口,不是抱怨职位、待遇、工作的环境,就是抱怨同事、上司或老板,而很少问自己:我努力了吗? 我真的对得起这份工作吗? 对努力工作的人,工作会给予他意想不到的奖赏。

超越平庸,选择完美。这是一句值得我们每个人一生追求的格言。工作中如此,做人也如此。有无数人因为养成了轻视工作、马虎拖延的习惯,以及对手头工作敷衍了事的态度,终致一生处于社会底层、不能出人头地。

没有任何借口看似冷漠,却能激发一个人最大的潜能。无论你是谁,失败了也好,做错了也罢,再好的借口对事情本身来说也没有丝毫意义。许多人的失败就是因为总是替自己找借口。

所以千万不要给自己找借口,把寻找借口的时间和精力用到实际生活中来。因为现实中没有借口,人生中没有借口,失败没有借口,成功也不属于那些寻找借口的人!

心灵悄悄话

XIN LING QIAO QIAO HUA

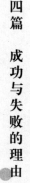

第四篇 成功与失败的理由

　　没有借口是无数商界精英秉承的理念和价值观。它体现的是一种完美的执行力,一种服从、诚实的态度,一种负责、敬业的精神。在生活中我们正是缺少这种人:他们想尽办法去完成任务,而不是去寻找借口。

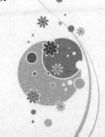

人人都有失败

人人都有失败。所不同的是：在失败面前，弱者一味痛苦迷惘，畏缩不前；强者却坚持不懈地追寻成功。面对失败，不要向失败低头示弱，而应该昂首挺胸，重新扬帆，乘风破浪。

在人生的旅程上，有谁是一帆风顺的呢？又有谁不是历尽了不计其数的坎坷才苦尽甘来的呢？

成功是那么容易得来的吗？不是的，绝对不是的。成功是来之不易的！

成功是建立在无数次失败之上的，没有那数不尽的经验总结，成功从何而来？成功，在于信心！

如果一个人做事连起码的信心都没有，那还谈什么成功？只要有信心，什么事都难不倒你！俗话说：世上无难事，只怕有心人！

成功，在于坚强！

并非有信心去做每一件事，就都会成功。凡事总有失败，但是你要坚强，不要被失败吓倒，要勇于向失败挑战。如果一次失败了，便情绪低沉，一蹶不振，那又怎么能成功呢？摔倒了固然痛苦，但成功只属于那些在逆境中奋斗的人。只有坚守信念，才能守得云开见月明！

史蒂夫·福塞特的行为再次提醒我们：只有彻底击败心底的溃退，才能走向成功。不要被挫折击垮，也不要被失败吓倒，更不要蹉跎在过去的岁月当中。只有经得起挫折的人，才能真正成为掌握命运的强者，真正的强者永不言败。强者在挫折面前会愈挫愈勇，而弱者面对挫折会颓然不前。不要忘记，当你为错过夕阳而流泪时，也将错过如梦如银的星月。

享受此刻的生活

问:上一刻的生活之美已经如风,下一刻的生活之美如梦,只有此刻的生活不可错过,你会放过吗?

答:不会,我要好好把握和珍惜。许多人总是喜欢活在不可预知的灿若海市蜃楼的未来里,或者沉迷于已经是尘烟往事的回忆中,怨叹生活单调无聊,没劲,因此他们活得很累。

正如伟大的雕塑家罗丹所说的:"生活中不是缺少美,而是缺少发现美的眼睛。"不会欣赏每日的生活是我们最大的悲哀。其实我们不必费心地四处寻找,美本来是随处可见的。可惜的是,生活中的此时此地总是被忽略,我们无意中预支了"此刻的生活"。想一想吧,早上还没起床你就开始担心起床后的寒冷而错失了被子里最后几分钟的温暖,吃早餐的时候你又在想着上班的路上可能会堵车,上班的时候就开始设计下班后怎么打发时间,参加派对时又在烦恼着回家路上得花多少时间。

现代人之所以不能拥有此刻的、美好的生活,是因为我们总是担心时间不够,就像我们总是觉得钱不够一样,而聪明的人应该学习享受已经拥有的时间。

"享受此刻"是一种全身心地投入人生的生活方式。当你活在当下,没有过去拖在你后面,也没有未来拉着你往前,你全部的能量都集中在这一时刻,生命因此会具有一种强烈的张力。这就是使生活丰富的唯一方式。世界上有两种穷人——富有的穷人和没有钱的穷人。富有的穷人也许拥有世界上大部分的金钱,但他们也许在精神世界中仍然是"穷人"。充实的感觉和物质财富拥有的多少关系不大,它往往和你生活的方式、生活的品质、生命的喜乐、生命的特性有关,而所有这些东西只有通过静心才可能感受到其中的深意。

"此时此刻"给你一个深深地潜入生命之水,或是高高地飞进生命天空的机会。但是两边都有危险——"过去"和"未来"是人类语言里最危险的两个词。生活在过去和未来之间的当下就好像走在一条绳索上，在它的两边都有危险。但是一旦你尝到了"此时此刻"这个片刻的甜蜜，你就不会去顾虑那些危险；一旦你跟生命保持同一步调，其他的就无关紧要了。对你而言，生命就是一切。真正的满足不是在"以后"，而是在"此时此刻"，那些你渴望追求的美好事物，不必费心等到以后，现在便可以拥有。

假若你时时刻刻都将力气耗费在未知的未来，却对眼前的一切视若无睹，你永远也不会得到快乐。一位作家这样说过："当你存心去找快乐的时候，往往找不到，唯有让自己活在现在，全神贯注于周围的事物，快乐才会不请自来。"

或许人生的意义不过是嗅嗅身旁每一朵绮丽的花，享受一路走来的点点滴滴而已。毕竟，昨日已成历史，明日尚不可知，只有"现在"才是上天赐予我们最好的礼物。许志安在《活在当下》里面唱到："漫天飞花，却已错过快将开的花，活于当下，每秒也要抱紧放下，漫天飞花，最尾刹那瞬间跌下，一秒钟，足够盛放吧。"安仔这首歌或许带给我们太多的伤感，充满了对生的渴望和对已逝的沉痛缅怀，假如当初更好地珍惜，或许就不会在失去以后才如此痛心。但是，"舍不得过去，等不到永远，如今不必爱惜吗"？因此，我们要好好把握此刻，活于此刻，享受此刻，那样，快乐便会自然而来。

抬头看看天

问：你一天有几次抬头，看看天空是什么颜色的？

答：上班下班都匆匆忙忙的，谁有时间看啊！

记不得哪位大师说过这样一句话：生活在城市的人们啊，你们至少应该一周抬头看天一次，然后做一个深呼吸。

很有哲理的一句话。是啊，我们应该问问自己，已经有多久没有抬头看天空了，我们是否已经忘记了天空的明媚和蔚蓝？

今天又是一个好天气,阳光灿烂,风轻云淡。抬头看天,天很蓝很蓝,云走得很快很快;抬头看天,今天的太阳早早地就起来了,国旗在朝阳中徐徐升起。庆幸的是常常看到的是那种沁人心脾的醉人的蓝天,也因为这个原因常常心情不错。

当你结束一天的繁忙之后,走出城市森林,在宽阔的道路上,抬头看看天吧,你会感到心情舒畅,一切烦恼都将抛之脑后。古人说:不以物喜,不以己悲。可是我们却常常因为天气左右自己的心情,常常因为别人的一句话、一个表情左右自己的心情。我们要学会抬头看天,做一个深呼吸,来调整自己的心态。把微笑送给每一个善良的人,快乐迎接每一天。即使是一个阴霾的日子,也会有阳光灿烂的心情;即使是风雨交加的夜晚,也会有平静的心情;即使是烈日当空的炎夏,也会有怡然的心情……

也许平时很少有人能够在忙碌的工作中专门腾出时间,站在旷野里傻呆呆地望着天空。因为我们没有时间和心情,我们很紧张,我们有很多压力。面对残酷的竞争,我们无法做到闲云野鹤,时间就是生命,我们不想被社会抛弃,被别人甩在后面。这一切都把我们压得喘不过气来,谁还会有闲心去看着那一无所有的天空呢?可是我们错了,也许我们找不到抬头看天的理由,那么,我推荐一个没事可以抬头看着天空的理由:放风筝。放风筝,就可以专门去抬头看天。天,其实是很好看的,或蓝或灰,清晨与黄昏,风沙与雨雪,晴空或阴霾,总之天空在我看来并非一无所有。其变幻多端,完全不亚于人心境的变幻。

忙碌的人们啊,稍微放慢你的脚步吧,卸下你肩上不必要的包袱吧,抬头看天,做一个深呼吸,然后向着你的目标,精神抖擞、信心百倍地接受一切挑战吧! **相信你的人生在成功之外一定还会有许多惊喜和丰富的收获。**

比别人多想几步

问:土豆就是土豆,有一天土豆会变成西瓜吗?

第四篇 成功与失败的理由

答：别开玩笑了，不可能。

汤姆和杰克差不多同时受雇于一家超级市场。开始时大家都一样，从最底层干起。可不久汤姆受到总经理的青睐，一再被提升，从领班一路升到部门经理。杰克却像被人遗忘了一般，还在最底层混。终于有一天杰克忍无可忍，向总经理提出辞呈，并痛斥总经理用人不公平。总经理耐心地听着，他了解这个小伙子，工作肯用功也很卖力，但似乎缺少点什么。缺什么呢？

他忽然有了个主意。"杰克先生，"总经理说，"请您马上到集市上去，看看今天有卖什么的。"杰克很快从集市上回来，说刚才集市上只有一个农民拉了一车土豆卖。"一车大约有多少袋？"总经理问。杰克又跑去，回来说有10袋。"价格多少？"杰克再次跑到集上。总经理望着跑得气喘吁吁的他说："请休息一会儿吧，你看看汤姆是怎么做的。"

说完，总经理叫来汤姆，对他说："汤姆先生，请你马上到集市上去，看看今天有卖什么的。"汤姆很快从集市回来了，汇报说到现在为止只有一个农民在卖土豆，有10袋，价格适中，质量很好，他带回几个让经理看。这个农民过一会儿还将弄几筐西红柿上市，据他看价格还公道，可以进一些货。这种价格的西红柿总经理可能会要，所以他不仅带回了几个西红柿做样品，而且还把那个农民也带来了，他现在正在外面等着回话呢。

汤姆由于比杰克多想了几步，于是在工作上取得了成功。

一个聪明人比一个普通人的高明之处在于，他总会比别人多想几步。其实，有时只要比平时多想一点就会把事情处理得很完美。在现实生活中，多想几步，也就是说具有一定的远见卓识，将给我们带来极大的价值。有人说："远见告诉我们可能会得到什么东西，远见召唤我们去行动。心中有一幅宏图，我们就从一个成就走向另一个成就，走向更高、更好、更令人快慰的境界。这样，我们就拥有了无可衡量的永恒价值。"深度思维与扩散性思维会给我们带来巨大的益处，会打开不可思议的机会之门。人越有远见，就越有潜能。

生活中，你和别人的差距就如同汤姆和杰克，更多是体现在思想方法上，虽然初始时就差那么一点点，但日积月累就越拉越大。所以，了解差距并及时总结，方能迎头赶上。

　　要善于观察、学习、思考和总结，仅仅靠一味地苦干，只埋头拉车而不抬头看路，结果常常是原地踏步，明天将仍旧重复昨天和今天的故事。

　　记得一位哲人曾说过，播下一种行为，收获一种习惯；播下一种习惯，收获一种个性；播下一种个性，收获一种命运。我们不能苛求每一个人都能成为"领班""部门经理"，但不管是谁，只要他养成对工作、对生活、对事业、对人生充满"主动"的态度，养成比别人多想几个问题、多走几步路、多动几次手的习惯，那他就能比别人多一些成功的机会，也会比别人看到更多的风景，收获更多的果实！

永远不要失去热情

　　问：一壶煮开的水，如果不继续烧，能永远是热的吗？

　　答：当然不能了。

　　世界著名的励志大师拿破仑·希尔描述过他和他的母亲一起乘船渡江到纽约的经历。

　　那是一个有浓雾的夜晚，他们俩站在船上望着茫茫大海，母亲突然欢叫道："这是多么令人欣喜的景观啊！"

　　"什么东西让您如此欣喜呢？"希尔问道。

　　母亲依旧充满热情："你看呀，那浓雾，那四周若隐若现的灯光，还有消失在雾中的船带走的令人迷惑的灯光，多么令人不可思议。"

　　母亲的热情极大地感染了拿破仑·希尔，他也着实感觉到厚厚的白色雾中那种隐藏着的神秘、虚无及点点的迷惑。一颗迟钝的心得到了一些新鲜血液的渗透，不再没有感觉了。

　　母亲转过头，凝望着希尔，语重心长地说："从你出生之日起，你就一直在聆听着我给你的忠告。不管以前的忠告你有没有听进去，但今天的忠告你一定要听，而且要永远牢记。那就是，世界从来就有美丽和兴奋存在，她本身就是如此动人、如此令人神往,所以,你自己必须要对她敏感,永远不要让自己感觉迟钝、嗅觉不灵,永远不要让自己失去那份应有的热情。"

母亲的这番话让拿破仑·希尔永远地记在了脑海里,并在以后的日子里始终实践着。

真正懂得享受人生、把握人生的人,即使在生活平淡如水时也能发现激情的所在,他们会调整自己,他们能让平静的水面泛起涟漪,他们会时时刻刻让自己保持对生活、对人生的热情和信心。这样,他们的热情就一直很饱满,思考力与创造力就一直都很旺盛。如果两个人具有完全相同的才能,那么,必定是更具热情的那个人取得更大的成就。

心灵悄悄话
XIN LING QIAO QIAO HUA

　　成功需要很高的悟性与洞察力,面对差距和挑战,你应及时调整心态,勤于思考,增强自己多谋善断、随机应变的能力。

命运握在自己的手里

有这样一则故事，一个生活平庸的年轻人，对自己的人生没有信心，平时经常去找一些"赛半仙"算命，结果越算越没信心。他听说山上寺庙里有一位禅师很是了得，这天他便带着对命运的疑问去拜访禅师，他问禅师："大师，请您告诉我，这个世界上真的有命运吗？"

"有的。"禅师回答。

"噢，这样是不是就说明我命中注定穷困一生呢？"他问。禅师让这个年轻人伸出他的左手，指着手掌对年轻人说："你看清楚了吗？这条横线叫作爱情线，这条斜线叫作事业线，另外一条竖线就是生命线。"

然后禅师让他自己做一个动作，把手慢慢地握起来，握得紧紧的。

禅师问："你说这几根线在哪里？"

那人迷惑地说："在我的手里啊！"

"命运呢？"

那人终于恍然大悟，原来命运是掌握在自己手里的。不管别人怎么跟你说，不管"算命先生"如何给你算，记住，命运在自己的手里，而不是在别人的嘴里！当然，再看看自己的拳头，你还会发现，你的生命线有一部分还留在外面没有被抓住，这又能给你什么启示？

命运握在自己的手里

问：我手中有只小鸟，你猜是活的还是死的？

答：这个呀，要死要活你自己决定。

有一个长得很漂亮的女孩，一直梦想着有朝一日自己能当上电视节目的主持人。她觉得自己有这方面的才干，因为每当她和别人相处时，即便是陌生人也愿意亲近她并和她交谈。她知道怎样从人家嘴里掏出心里话，朋友们都称她是自己亲密的心理医生。她就读于一所著名的大学，家庭环境也很优越，父亲是著名的工程师，母亲在一所知名的大学任教，他们都很赞同、支持她实现自己的理想。于是，这个女孩见人就说："只要有人愿意给我一次上电视的机会，我相信自己一定会成功，一定能成为出色的主持人。"可是，好几年过去了，奇迹并没有发生。因为现在的节目主管根本没精力和兴趣到处去搜寻人才。

而这个女孩的一个初中同班同学却实现了自己梦寐以求的理想。她也很漂亮，但却没那么优秀。她毕业于南方的一所民办大学，家庭条件很差，无法提供可靠的经济来源。所以，她白天去给人打工，晚上到大学舞台艺术系进修。一拿到专业毕业证，她便开始谋职，跑遍了全省的电台电视台，经历了一次又一次碰壁。但她没有退缩，最后被一家很小的广播站录用，在那儿她当上了主持人。有一次，省电视台和该小广播站联合录制一台晚会节目，省电视台的领导发现了她，把她叫到省电视台试镜。结果，她被录用了，终于实现了自己到电视台做节目主持人的梦想。

其实，每个人的命运都如同握在你手中的小鸟，握在我们自己的手心。人的发展方向和生死成败，完全取决于我们的人生态度。俗话说："天下没有免费的午餐。"你只有积极进取，努力争夺，才可能获得满意的结果。如果只是一味地等待机会，就如同躺在床上等待小鸟飞到你的手掌心，这样的话，伴随你的也只有一次次的失望甚至是绝望了。

那么，现在就握紧自己的手，对自己的内心大声说一句：命运掌握在我自己的手里，而不在别人的手里和嘴里！

利用好"心理摆"规律

问:你宁可永远后悔,也不愿意试一试自己能否转败为胜吗?

答:恐怕没有人会说"对,我就是这样的孬种"吧。

人生路上,总会面临各种危机,如果能把握好,就能化危机为转机。然而,还是有很多人在不该打退堂鼓时拼命后退,因为恐惧失败而不敢尝试成功。

华裔花样滑冰高手关颖珊在赢得 2000 年世界花样滑冰冠军时的精彩表现给了我们很好的启示。她一心想赢得第一名,然而在最后一场比赛前,她的总积分只排名第三位,在最后的自选曲项目上,她选择了突破,而不是少出错的保守做法。在 4 分钟的长曲中,关颖珊结合了最高难度的三周跳,并且还大胆地连跳了两次。她也许会败得很难看,但是她突破了自我,最后成功了。

比赛结束后,别人问她为什么要做这样的选择,她回答说:"因为我不想等到失败,才后悔自己没发挥潜力。"

或许很多人面对关颖珊这个同样的问题时,都会选择"保三"的做法,不管怎样至少可以得那个铜牌。但是,关颖珊不想只拿个铜牌,她要突破自己,超越自己,她选择了"争一"!可以想象,当时她在巨大的压力下是如何保持理智与情绪之间的平衡,如何把自己的心理调整到最佳状态的。

人的心理状态受到外界事物的刺激,会呈现出多层次性和两极分化的特点。每一种情感都具有不同的层次等级,还有着与之相对立的心理状态,比如爱与恨、喜悦与忧伤、欢乐与痛苦等。这种情感状态就像是时钟的摆,向左摆得越厉害,也就会越向右摆。在特定背景的心理活动过程中,感情的等级越高,出现的"心理斜坡"就越大,因此也越容易向相反的情绪状态转化,有人称之为"心理摆"规律。如果此刻你感到兴奋无比,那相反的心理状态极有可能在另一时刻不可避免地出现。这就是我们经常说的"乐极生悲"！

这种"心理摆"规律能让我们在某些特殊情况下激发出自己的潜能，放手一搏，取得成功，就像关颖珊一样。但同时也要注意克服这种"心理摆规律"给我们的心理上的不良反应。

首先，不要对平凡生活心存排斥。人生不可能总是处于巅峰状态，生活也不可能永远如诗般美好。月有阴晴圆缺，人有悲欢离合，生活有聚也有散，有乐也有苦。如果有人到一个海上孤岛过着看似幸福的生活，远离城市喧嚣，远离人群，吃着没被污染过的野菜和鱼虾，那么，这种日子他肯定不会坚持很久。毕竟，人生不可能只有激情、浪漫和刺激。如果对平凡的生活状态总是心存排斥之意，那我们的心境自然也就会因生活场景的变化而大起大落。

其次，要享受不同生活状态的不同乐趣。要既能在激荡人心的活动中体验着激情的热烈奔放，又能在平淡如水的日常生活中享受悠然自得的生活情趣；既能吃得了山珍海味，也能吃得了粗茶淡饭。唯有如此，我们才能在生活场景发生较大转换时，在由顺境转入逆境时，避免心理上产生巨大的失落感和消极情绪。

最后，要时刻让理智控制住情绪。人处在让自己快乐兴奋的生活环境时，应保持适度的冷静和清醒，懂得居安思危。而当自己转入情绪的低谷时，要尽量避免不停地对比和回顾自己情绪高潮时的"激动画面"，隔绝有关刺激源，把注意力转移到一些能平和自己心境或振奋自己精神的事情和激动当中去，这样才不会"触景生情"，让自己无法自拔。

利用好"心理摆"规律，让它把你的能力发挥到极致，迅速登上成功巅峰。更重要的是，要克服它给你带来的负面影响，别让它使你的生活"摇摆不定"！

不要被失败吓倒

问：如果你考驾照考了 271 次都没通过，你还会坚持考下去吗？

271 次？

答：太恐怖了吧？我连 10 次都受不了。

2002 年 7 月 4 日，刚好是美国独立日，美国百万富翁、58 岁的冒险家史蒂夫·福塞特在经历了 6 次失败之后，终于实现了梦寐以求的理想，驾驶着"自由精神"号热气球安全降落在澳大利亚昆士兰州一个干涸的湖边，结束了他的第 7 次单人环球飞行。

其实，早在 2002 年 7 月 2 日那一天，他的热气球飞过东经 117°线的刹那间，就已经宣告航空史上又一个伟大的纪录诞生了。从 2002 年 6 月 19 日起到 2002 年 7 月 4 日，史蒂夫·福塞特一共飞行了 13 天 12 小时 16 分 13 秒，航程是 33971.6 公里。这是一次多么伟大的飞行啊！使我们肃然起敬的不是航空飞行的记录，而是他这种经历了 6 次挫折后仍进行第 7 次飞行的精神。这是一种永不言败的精神！

曾经看过一则新闻，说是有一位韩国老翁考驾照，在 5 年内先后参加了 271 次考试，均以失败告终。但是他愈挫愈勇，终于在第 272 次参加驾驶理论考试时顺利通过。这也是一种永不言败的精神！反观我们，失败之后，总有千万个理由：要是再给我一点时间的话，要是条件好一点的话，要是对方认真对待的话……我们总有找不完的借口为自己的失败开脱，却从来看不到自身主观努力的不足。如果我们能正视自己存在的缺陷，然后逐一弥补，那么，我们离成功也就更近了。但因为我们总在找客观原因，为自己的失败遮掩，所以错失了继续前行的勇气。一次次冠冕堂皇地溃退，也一次次斩断了通往成功的路途。

心灵悄悄话

XIN LING QIAO QIAO HUA

命运大部分掌握在自己手里，但还有一部分掌握在"上天"的手里。古往今来，凡成大业者，他们"奋斗"的意义就在于用其一生的努力去换取在"上天"手里的那一部分"命运"。

第四篇　成功与失败的理由

第五篇　做人与做事

　　有人说,做人之前先学会做事;有人说做事之前先学会做人;有人说做事要高调,做人要低调;其实,做人做事,最重要的是做自己。这就是秉性做人。所谓的秉性做人不是让你随心所欲地做人,而是学会如何更好地做人。要在生活工作中,不断审视自己的习惯、脾气、行为举止,如果发现其中的某个秉性对你有百害而无一利,那么,你就应该及时改正。

　　每一个人都幻想成功,而成功便是要自己一分一毫地努力。在成功的路上,别人或许可以帮助我们一段路程,但是这条路最终还是要靠自己走到尽头,不管尽头是天堂还是地狱。

做事就是做人

即使别人为你准备好了满汉全席，也只能用你自己的嘴去吃；即使坐飞机出行，也需要你自己走进机场。

美国文明之父爱默生曾经说过："靠自己成功。"这句话影响了很多人。我们也曾听一些企业家这样说过：不要凡事都依赖他人。**在这个世上，最能让你依靠的只有你自己。在大多数情况下，最能拯救你的人也是你自己。**

在生活中，我们难免要遇到各种各样的问题，而要摆脱这些问题，我们就不可能总是依赖他人，大多数情况下，别人未必能够帮上什么忙，要学会自己拯救自己。

《论语》上有："君子求诸己，小人求诸人。"是说人要靠自己。

一头年老体弱的驴子，跟主人一起到一个遥远的森林里去采药。在经过一片草地时，驴子不小心掉进了一个很深的陷阱里。掉进陷阱的驴子在里面哀鸣，主人在上面急得团团转，可是陷阱太深了，主人也无法把它救上来。最后，伤心的主人用随身携带的药铲，铲起脚下的泥土抛到陷阱里。他想用这样的方式埋葬掉这头跟了他一辈子的老驴，免得它在陷阱里受更多的罪。驴子绝望了，它甚至痛苦地闭上了眼睛，默默地等待着死亡的到来。

可是，求生的欲望越来越强烈，它下意识地抖掉了身上的泥土，忽然，它惊奇地发现，落在自己脚下的泥土成了逃离死亡的阶梯，它离陷阱口近了一点！于是，它不断地抖掉身上的泥土，躲闪着可能的打击，不断地从泥土中拔出自己的蹄子，一点，一点，脚下的泥土越来越多，它也越来越接近陷阱口,终于,它疲惫不堪地跳出了陷阱,出现在泪流满面的主人面前。

在这则故事中,驴子掉进了陷阱,最后没有人能救它,只有当它放弃寄托在别人身上的希望,开始悲观和绝望时,才最终明白只有靠自己才能把自己拯救上去。在很多的时候,当我们山穷水尽时,往往会有绝处逢生的奇迹。

诚然,每一个人从出生时,就开始接受他人给予的种种帮助:父母的养育、老师的教诲、朋友的关爱……然而现在许多年轻人已经远远超出了一个人需要外部力量帮助的这种正常的"靠",而是演变成了全部依赖父母或朋友,于是出现了新的人群"啃老族"。这类人不去工作,只靠父母养着,将自己生活的全部希望都寄托在父母和朋友身上。然而父母并不能陪自己一辈子,当父母老去,要靠你养活时,你又该怎么办? 是不是就要沦为乞丐了?

每一个人都幻想成功,而成功便是要自己一分一毫地努力。在成功的路上,别人或许可以帮助我们一段路程,但是这条路最终还是要靠自己走到尽头,不管尽头是天堂还是地狱。

人人都在找自己的点金石,到最后才发现世界上根本没有点金石,真正的点金石其实是你自己。

小蜗牛问妈妈:"为什么我从生下来,就要背负这个又硬又重的壳呢?"

妈妈说:"因为我们的身体没有骨骼支撑,只能爬,又爬不快。所以要靠这个壳保护。"小蜗牛:"毛虫妹妹也没有骨头,为什么她却不用背着这个又硬又重的壳呢?"妈妈说:"因为毛虫妹妹能变蝴蝶,天空会保护她啊!"小蜗牛又问:"可是蚯蚓弟弟也没有骨头也爬不快,也不会变蝴蝶,他为什么不背这个又硬又重的壳呢?"妈妈说:"因为蚯蚓弟弟会钻土,大地会保护他啊!"

小蜗牛说:"我们好可怜呀,天空不会保护我们,大地也不会保护我们!"妈妈安慰他说:"所以我们有壳呀,我们不靠天不靠地,我们靠自己!"

靠天靠地不如靠自己，所谓"靠山山倒，靠娘娘老"，除了你自己会陪你自己走完一生，没有什么人是你可以依靠的。

把希望寄托在别人身上的人是一个不成功的人。我们可以靠朋友、靠亲人、靠同事帮我们做自己做不了的事情，但是不能靠朋友、亲人、同事决定我们的方向，不能让朋友、亲人、同事替我们作出所有的选择。

而我们所说的智者一切求自己，愚者一切求他人，不是事事都只能靠自己，但不能事事都靠他人。

在人生的路上，我们自己是船，别人对自己的帮助是风。风可以帮助你航行，却不能帮助你决定什么时候转舵，什么时候扬帆、收帆。所以，做人还要靠自己。

人生在世，做人做事。其实做人就是通过做事体现出来的，做事本身就是在做人，因为做事的态度体现出做人的基本态度。

在《大学》中，有这样一段文字："大学之道，在明明德，在亲民，在止于至善。知止而后有定；定而后能静；静而后能安；安而后能虑；虑而后能得。物有本末，事有终始。知所先后，则近道矣。古之欲明明德于天下者，先治其国；欲治其国者，先齐其家；欲齐其家者，先修其身；欲修其身者，先正其心；欲正其心者，先诚其意；欲诚其意者，先致其知；致知在格物。物格而后知至；知至而后意诚；意诚而后心正；心正而后身修；身修而后家齐；家齐而后国治；国治而后天下平。自天子以至于庶人，壹是皆以修身为本。其本乱而末治者否矣。其所厚者薄，而其所薄者厚，未之有也！"

其意思为：大学的宗旨在于弘扬光明正大的品德，在于使人弃旧图新，在于使人达到最完善的境界。知道应达到的境界才能够志向坚定；志向坚定才能够镇静不躁；镇静不躁才能够心安理得；心安理得才能够思虑周详；思虑周详才能够有所收获。每样东西都有根本有枝末，每件事情都有开始有终结。明白了这本末始终的道理，就接近事物发展的规律了。古代那些要想在天下弘扬光明正大品德的人，先要治理好自己的国家；要想治理好自己的国家，先要管理好自己的家庭和家族；要想管理好自己的家庭和家族，先要修养自身的品性；要想修养自身的品性，先要端正自己的心思；要想端正自己的心思，先要使自己的意念真诚；要想使自己的意念真诚，先要使自己获得知识;获得知识的途径在于认识、研究万事万物。通过对万事万物的认识、研究后才能获得知识;获得知识后意念才能真诚;意念真诚后心思才能端正;心思端正后才能修养品性;品性修养后才能管理好家庭和家族;管理好家庭和家族后才能治理好国家;治理好国家后天下才能太平。上自国家元首,下至平民百姓,人人都要以修养品性为根本。若这个根本被扰乱了,家庭、家族、国家、天下要治理好是不可能的。不分轻重缓急,本末倒置却想做好事情,这也同样是不可能的!

在《大学》这段论述中,"做事就是做人"这个思想表述得很到位。齐家治国平天下,首先要学会做人。

一个人的品质决定了很多的环节,决定了一个人的人脉关系,决定了一个人做事能做多远。我们往往通过一些小事,就可以看出这个人是怎样一个人,这就是做事体现了做人的基本态度。一个商人和客人吃饭。时间到了,这个商人只点菜没有要酒。因为他在商务会餐时从不饮酒,客也就随了主便,草草用了饭。

席间服务生端来一道特色菜,商人礼貌地说:"谢谢,我们不需要菜了。"服务生解释说这道菜是免费赠送的。但商人依然微笑着答道:"免费的我们也不需要,吃不了,浪费。"

饭毕,商人将吃剩下的剩菜打了包,驱车载着客人离开了酒店。

一路上,这个商人将车开得很慢,像是四下寻找着什么。正在客人纳闷的时候,车子停了,他拿出打包的食物,下车走到一位乞丐面前,双手将那包食物送给了乞丐……在这个商人的诸多做事细节中,我们看到他的良好素质:午餐不饮酒,是对工作的负责;赠菜不受,是杜绝浪费;饭菜布施,是充满爱心;而双手递食物给乞丐,则是对他人的一种尊重。

一个人具备了这样的素质,他怎么会不成功呢?与他合作的人想必都是真诚的。在职场上,许多人仅仅将工作作为谋生的手段,忽略了工作所包含的更为深层次的含义,所以做得很累又不能让自己提升。如果工作仅仅是为了赚钱,我们就容易钻牛角尖,只会想到自己是为老板打工,替别人做事。所以当我们少发了工资或者多做了一点事,便会有怨言,便会发牢骚。如果偷懒做事而没有被扣分,工资照发不误,就会沾沾自喜。而这种循环往复的结果就是,我们越来越会混日子,生存的空间也越来越小。

殊不知,工作从表面上来看是一种劳动,是一种求生存的手段,但是从深层次来挖掘,工作是生命个体不断自我超越和进取的过程。也就是,做事就是做人,人做到什么层次,工作就必然达到什么高度。

一个看似简单重复的工作,其实最能看透一个人的品质和能力。当你拥有虚怀若谷的胸怀,始终不断进取的姿态,无与伦比的责任心,你所做的事情也会被大家认可。

心灵悄悄话
XIN LING QIAO QIAO HUA

做事就是做人,做人就是做事。世界上大多数的成功者都是因为具备勤劳善良的品质,坚忍不拔的毅力,吃苦耐劳的精神而成就的。所以我们要想取得成功则有很长的路要走,必须要磨炼我们的心性和品质。

平和做人

　　孔子曾说:"己所不欲,勿施于人。"其意就是自己不喜欢的事情,不要强加在别人的身上。这可以看作是待人处事的基本修养,如果能够做到这一点,在人际关系交往中,你给他人和自己都会留下进退的余地,这样就能建立良好的人际关系。

　　"大禹治水"的故事也是"己所不欲,勿施于人"的典范。大禹接受治水的任务时刚刚新婚不久,当他想到有人被水淹死时,心里就像自己的亲人被淹死一样痛苦、不安,于是他告别了妻子,率领 27 万治水群众,夜以继日地进行疏导洪水的工作。在治水过程中,大禹三过家门而不入。经过 13 年的奋战,疏通了 9 条大河,使洪水流入了大海,消除了水患,完成了流芳千古的伟大业绩。到了战国时候,有个叫白圭的人,跟孟子谈起这件事,他夸口说:"如果让我来治水,一定能比禹做得更好。只要我把河道疏通,让洪水流到邻近的国家去就行了,那不是省事得多吗?"孟子很不客气地对他说:"你错了!你把邻国作为聚水的地方,结果将使洪水倒流回来,造成更大的灾害。有仁德的人,是不会这样做的。"

　　从"大禹治水"和"白圭谈治水"这两个故事来看,白圭只为自己着想,不为别人着想,这种"己所不欲,要施于人"的错误思想,是难免会害人反害己的。大禹治水把洪水引入大海,虽然费工费力,但这样做既消除了本国人民的灾害,又消除了邻国人民的灾害。

　　当别人骂你时,你心中必定不快,所以你就不要随便骂人;当你不愿被人欺骗时,那你最好不要去欺骗别人;你最讨厌别人在背后对你指手画脚,

那你就不要在背后去非议别人、对别人说长道短。这就是"己不欲,勿施人"。

人们一直习惯于从自身的角色出发,站在自己的立场上来理解和看待别人,所以不同程度地存在着自我中心式思维。人们习惯于把交往中的矛盾归罪于对方,双方各执一词,互不相让,自然难以达成相互理解,因为人们习惯于"己所不欲,却施于人"。

富勒说过:"向别人扔污物的人,把自己弄得最脏。"

在我们的人际关系中,一直遵循着这样的原则:种瓜得瓜,种豆得豆。你如何对待别人,不管是你出于善意还是恶意,最后都会还给你。

你可以将自己的喜好强加于别人的头上,可不久你会发现,你自己也被别人强加了他们的喜好,尽管你觉得这很难受,可你有什么办法呢?

狼和狈是一对好友,经常合伙去干偷鸡摸狗的事情,所以有了狼狈为奸的故事。有一次他们去偷了农夫的鸡,喜欢喝鸡血的狼建议喜欢吃肉的狈也喝喝鸡血,狈不乐意,于是狼与狈大吵一架,分道扬长而去。其实,只要学会"角色互换",就可以将这个"己所欲,也施于人"的问题解决了。

己所不欲,勿施于人,就是给别人留一条退路。初入社会的人可以将其作为处事原则,推己及人往往会有皆大欢喜的结果。

孟子说:"天时不如地利,地利不如人和。"他将人和推为首位。在我国又有许多的词汇,将重点都放在"和"字上:"和气生财","家和万事兴""以和为贵"等。

"和"是古往今来,中外成功者最为推崇的处事法则。

人在社会上与他人的关系表现得也是一种相互依存的关系,不仅肩负的事情存在共性,而且许多工作也必须依靠合作才能完成。如果暗中彼此拆台,想将一件事情做好是不太可能的。

而我们生存在社会上,就难以避免和别人发生冲突,有时是意气之争,有时是为利益之争,然而聪明的人以和为贵,尽量避免争论,赢得别人的好感,把一个敌人变成自己的朋友,这无疑是一件好事。

当我们听别人说话时,大部分人的反应是评估和判断,而不是试着了解这些话的内涵。在别人诉说某种信念、感觉时,我们常常会下这样直接

的判断："说得不错"或者是"胡说八道"，"这不太好"，"这不对"。我们很少用心地去了解这些话对其他人来说到底具备着怎样的意义。这就是我们善于以我为中心、太过相信自我的结果。在那些自以为是的争论中，我们竭尽全力去维护自己并不全面和成熟的观点，对一些无关紧要的问题，我们争执不休，一场争论过后，我们得到的是心乱和一个新的敌人。

卡耐基曾经说过：你赢不了争论。不论输和赢，你都是输了。因为争论的结果常常是让双方更加坚信自己的意见是正确的，或者即使是你错了，你也不会向对手认错。人性的固执让双方的距离越拉越远，终于有一天，你发现一场毫无意义的争论为你培养出了一个可怕的敌人。所以，只有一种能在争论中获胜的方式：避免争论。有时，避免纷争是赢得纷争的最好方式。而要让你周围的人都能捧场与合作，你就要避免与他们争论，要让气氛和谐。倘若，情感上互不相容，气氛上紧张，就不可能协调统一地工作。

当然，每一个人都有自己的个性和爱好，依生活习惯、文化修养等差别，不可能要求每个人处处与他所处的集体合拍。但是，任何成功都不可能靠孤军奋战所得，也没有人愿意成为被人嫌弃的对象。一个有修养的、有集体感的人，就会善于利用这一点，以自己和善的态度去感染、吸引或帮助他人，使其周围的关系更加和气。

与人和气即是与人友好相处，赢得好人缘。与人为善，平等尊重，是与人友好交往的基础。应该主动热情地与周围的人接近，表示出一种愿意与人交往的愿望。如果没有这种表示，别人可能会以为你希望独处，不敢来打扰。切忌：不平等的态度，永远不会赢得别人尊重。

也要注意自己的言行举止，谈话内容尽量谈双方都感兴趣的话题，使人觉得你是个谈得来的朋友，只有让人从你的言谈中得到乐趣，才有人愿意和你进行交谈。当然并不需要一味迎合别人，而是善意真诚相待。

任何人和任何事情都不可能尽善尽美，包容别人的缺点，善于发现别人的优点，会让自己以宽容的态度与别人相处。谁都有不顺心的时候，善于克制自己的情绪，约束自己的行为，在别人产生消极情绪的时候又能加以谅解，这才是有修养的人的表现，它会使别人更愿意和你相处。

友好相处最和谐最融洽的方式就是真诚关心他人。在生活中，我们总会遇到各种难题甚至不幸，没有别人的帮助和支持，每个人都难以正常地生活下去。善于发现、主动关心他人的困难和苦恼，给予适当的精神和行动上的支持和帮助，会得到别人的友谊和关心。

理解和宽容则可以保证和谐。没有人是完美的，每一个人的身上或多或少有着令人遗憾的弱点。但即使看到别人不如自己的一面，也不能以己之长去鄙视或讽刺别人。我们应该认识到每个人的个性、习惯、生活、态度都可能不相同，与你不合或许与别人就合，因此你正确的态度应该是：理解。你应该求同存异，不要苛求对方，宽容待人是以理解为基础的。以客观公正的态度给予别人评价，会使你看到别人身上的优秀之处。

究竟如何才能与别人和气相处呢？

（1）记住别人的名字

与人交往中，记住别人的名字很重要，没有人愿意听别人叫自己"哎"或者"喂"。当你刚进入一个职场，只介绍一遍就记住了别人的名字，你会给别人留下深刻的印象。

（2）讲话要学习演讲的方法

平淡冗长的说话方式有时会让人很受不了，大多数听众喜欢讲话的人插入幽默的笑话以提高倾听的兴趣。但是要注意幽默的尺度和效果。

（3）谨慎交友

一个人品质怎样，往往从他结交什么朋友就可以看出来。你留给别人的印象，在很大程度上是受朋友影响的。假如你结交一些非常重要和成功的朋友，别人会想你也一定拥有某些过人的天赋。而如果你与一些失败者交友，虽然不会严重影响你留给别人的印象，但是也会让你的形象受到伤害。

（4）争取好声誉

在历史上，你能记住的人物是否名声好的要多于名声不好的呢？那些给别人好印象的人所实现理想的机会也比那些没有赢得好印象的人多。人的命运不是天注定的，而是自己决定的。你如何做人做事，就将决定你的一生是什么样子。

与身边的人保持和气，就不会容易被人挑刺，更重要的是，你取得的成绩更容易被人承认和欣赏。

年营业额百亿美元的美国"旅馆大王"希尔顿旅馆创始人康德拉·尼古逊·希尔顿，给后人留下了这样一个经商准则：和气生财。他要求员工无论何时都要保持对顾客的微笑和和气。

在生意场上，"和"是一种将目光放远的战略，要和气，有时难免要牺牲一些利益，但是带来的却是回头客，那么这些小利益的损失也就没有什么了。而从人际关系上来看，"和气"更是一种长期投资，而回报远远大于投入。

心灵悄悄话
XIN LING QIAO QIAO HUA

可见，"和气"是一种态度，在我们为人处事中的地位十分重要。学会用"和"，也是一门学问很深的课程。

与有肝胆之人共事

与有肝胆之人共事，能够赤诚相待，肝胆相照，荣辱与共，终成大事。

周恩来在天津南开学校读书时，曾写过一副自勉联："与有肝胆人共事；从无字句处读书。"而在长期的革命斗争中，周恩来也一直以此作为为人处事的准则。"有肝胆人"是指为人忠诚无私、浩然正气、坦坦荡荡的人，与这样的人共事，能够赤诚相待，肝胆相照，荣辱与共，终成大事。"无字句处读书"与明朝鹿善继的名言"读有字书，却要识没字理"意思相近，即主张学习知识要到社会实践中开阔视野，增长知识。

在我们的生活中，嫉妒心和自私心理较强的人也有很多。有时我们会因为自己的一个玩笑而惹怒了他们，因为一件事情而被他们怀恨在心。对待这样的人，人们大多是采取敬而远之的办法。

与肝胆之人共事，首先你必须改变自己。做到宽以待人，凡事包容，凡事忍耐，凡事相信，凡事乐观，自己先要做一个有肝胆之人，别人才会与你共事。

从无字句处读书，就是从生活中学习。所谓"听君一席话，胜读十年书"。一个报告，一个讲座等，都可以从中得到一分教益。要把自己的生活面打开，要像一块海绵一样拼命张开，每一个毛孔都努力吸收外面的知识，充实自己。

南朝梁元帝萧绎，自幼酷爱读书。他一生著作等身，著有《孝德传》《忠臣传》《丹阳尹传》《注汉书》《内典博要》等400余卷。他既是作家，又是藏书家，还是学问家。除了著书立说之外，萧绎还利用"职务"之便，广罗遍搜天下典籍，共得图书14万卷，堪称皇家私人藏书第一。

承圣三年腊月，即公元555年之初，西魏军队合围攻城，主将战死，军中大乱，昔日誓死效忠之将领也纷纷降敌。正在吟诗的元帝，眼看大势已去，急忙躲进内城，并下令焚烧所有藏书，自己也准备自焚。被左右劝阻之后，他欲投降求和。臣子劝他趁乱突围，过江与援军会合。可他坚决不从，还怀疑臣子的忠诚，一边破口大骂，一边匆匆忙忙出东门投降。后被俘在魏营，问及为何焚书，萧绎说："读书万卷，犹有今日，要它何用，故焚之。"

萧绎酷爱读书不是错，错就错在他死读书，完全不会运用。

所谓读有字句之书易，读无字句之书难。实践之中出真章，一个理论不为实践所用，那就是无用。正如西方的谚语所说：上帝给了你小麦，做成面包就是要靠自己。"从无字句处读书"正是做面包的过程。

禅宗六祖慧能不识字，却以"菩提本无树，明镜亦非台；本来无一物，何处惹尘埃"的偈语名动天下。当有人问他不识字却为何能作出如此经典之句时，他指着天上的明月说："佛法好比明月，文字好比手指，手指可以指明佛法在哪里，但要看到佛法，并非靠手指。"

有人说，一般人都是从博物馆里看历史，T形台上看时装，而智者却能从五金店里看到历史，在博物馆中看懂时装。这就是有智慧的人从无字句处读书的至高描述。

越冷越在一起，不足为奇，因为可以相互取暖；越热越能在一起，那才叫可贵。

在你人生处于低潮，真诚伸出手，让你渐渐冰冷的心感到温暖的那个人对你来说才是"弥足珍贵"的。

每一天下班都要路过斑马线，而那条斑马线上并没有红绿灯。每一天，都有许多人集结在斑马线外，当车流出现一个差不多大的车距时，他们就会一拥而上，再快的车看到这么多人时也会减速让行，而有时那距离不是独自一个人敢过去的。过了斑马线，大家又都各走各的，仅仅是因为需要而集结在一起。过了斑马线，没有了那需要，自然不会还在一起走。

这就好比人生，在我们人生的岔路口上，我们会遇到许多人，因为共同的目标而努力，但却不会成为朋友，仅仅因为需要才联系在一起；当目标达成,依然是两条平行线。换句话说,就是越冷越要在一起,其实并不为奇,因为可以互相取暖,越热越能在一起,那才叫可贵。

在你人生处于辉煌时期,对你称赞的人或许不是因为欣赏你,而是你对他有利用的价值,对这样的人要格外小心,他很可能会在你遭遇不顺时抛弃你。

而在你人生处于低潮,真诚伸出手,让你渐渐冰冷的心感到温暖的那个人对你来说才是弥足珍贵的,他们不因为你的落魄而轻视你,反而对你展露微笑,这就是越热越能在一起的另一种表现。

得到一个越热越能和你在一起的人是十分不易的事情,当所有人都因为你的"高温"而离开时,只有这个人选择和你在一起,他就值得你一生珍重,因为任何时候他对你都将是不离不弃的。与这样的人共事,是可以将心放进肚子里的。

在你的人生中,是否也有这样一个在你处于人生低谷时始终陪伴你的人呢?那就好好珍惜吧,因为不是所有人都有这样的好运。

心灵悄悄话
XIN LING QIAO QIAO HUA

在生活中大度、与人肝胆相照的人,广受大家欢迎。因为与他们共事,不用担心他们会使用某些小心眼儿来影响自己。与有肝胆人共事,可以一起积极进取,得到的不仅是鼓舞。即使出现失误得到的也不是责怪而是指点,让你在不知不觉中成长。

第五篇　做人与做事

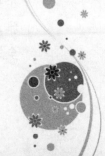

做你应该做的事

俄国的列宾曾经说过："没有原则的人是无用的人，没有信念的人是空虚的废物。"一个人不怕能力不够，就怕失去了前进的信念。拥有信念的人，在某种意义上说，就是不可战胜的人。在诺曼·卡曾斯所写的《病理的解剖》一书中，说了一则关于20世纪最伟大的大提琴家之一——卡萨尔斯的故事。这是一则关于信念的故事，相信你我都会从中得到启示。

他们会面的日子，恰在卡萨尔斯90大寿前不久。卡曾斯说，他实在不忍看那老人所过的日子。他是那么衰老，因为严重的关节炎，不得不让人协助穿衣服；呼吸很费劲，看得出患有肺气肿；走起路来颤颤巍巍，头不时地往前颠；双手有些肿胀，十根手指像鹰爪般地弯曲着。从外表看来，他实在是老态龙钟。

就在吃早餐前，他贴近钢琴，那是他擅长的几种乐器之一。他很吃力地坐上钢琴凳，颤抖地把那弯曲肿胀的手指放到琴键上。

霎时，神奇的事发生了。卡萨尔斯突然像完全变了个人似的，他开始弹奏起来，仿佛是一位神采飞扬的钢琴家。

卡曾斯描述说："他的手指缓缓地舒展，移向琴键，好像迎向阳光的树枝嫩芽；他的背脊直挺挺的，呼吸也似乎顺畅起来。"

弹奏钢琴的念头完完全全地改变了他的心理和生理状态。当他弹奏巴哈的《Wohltemperierte Klavier》一曲时，是那么纯熟灵巧，丝丝入扣。随之他奏起勃拉姆斯的协奏曲，手指在琴键上像游鱼一样轻快地滑着。"他整个身子像被音乐融解，"卡曾斯写道，"不再僵直和佝偻，代之的是柔软和优雅，他不再为关节炎所苦。"他演奏完毕，离座而起时，跟他当初就座弹奏时全然不同。他站得更挺，看起来更高，走起路来双脚也不再拖着地。他飞快地走向餐桌,大口地吃着,然后走出家门,漫步在海滩的清风中。

我们常把信念看成是一些信条,以为它只能在口中说说而已。但是从最基本的观点来看,信念是一种指导原则和信仰,让我们明了人生的意义和方向。信念是人人可以支取,且取之不尽的;信念像一张早已安置好的滤网,过滤我们所看到的世界;信念也像脑子的指挥中枢,指挥我们的脑子,让我们照着所相信的去看事情的变化。卡萨尔斯热爱音乐和艺术,那不仅会使他的人生美丽、高贵,而且每天都带给他神奇。是信念,让他从一个疲惫的老人化为活泼的精灵。

斯图尔特·米尔说:"一个有信念的人,所焕发出来的力量,不下于99位仅心存兴趣的人。"这也就是信念能开启卓越之门的缘故。若能好好控制信念,它就能发挥极大的力量,开创美好的未来;反之,它也会让你的人生毁灭。可以说,信念是一切奇迹的萌发点。信念是任何人都可以免费获得的,相信自己,信念能让人创造奇迹。

人生到底是喜剧收场还是悲剧落幕,是丰富精彩还是悄无声息,全在于这个人持有的到底是什么样的信念。信念就像指南针和地图,指出我们要去的方向。没有信念的人,就像少了马达、缺了舵的汽艇,不能动弹一步。所以,在人生中,必须有信念的引导,它会帮助你看到目标,鼓舞你去追求并创造你想要的人生。

世界上没有任何力量像信念这样,对我们有如此巨大的影响。人类的历史,可以说是信念的历史。哥白尼、哥伦布、爱迪生和爱因斯坦等人,他们不仅改变了历史,也改变了我们的信念。若有人想改变自己,就要先从改变信念开始;如果想效法伟人,那就先效法他树立成功的信念。

相传孔子有5000弟子,其中有名的有72人,然而他却对颜回钟爱有加。在孔子的眼中,颜回的一举一动都符合孔子的教学理念,所以孔子经常拿颜回作为榜样来教导其他弟子。一日,孔子对他的弟子们说:"贤哉,回也! 一箪食,一瓢饮,在陋巷,人不堪其忧,回也不改其乐。贤哉,回也!"

孔子赞扬颜回,认为颜回虽然住在简陋的地方,但是却独享其乐,不在意别人如何看待,更没有攀比之心,是一个贤德之人。

一斗米,一瓢水,这样艰苦的条件就连外人看过以后都要为他忧虑,然而颜回却能够活得乐趣无穷,哪怕是丝毫的不满足心理都不曾有过。在那样物质贫乏的年代做到不攀比都尚为困难,何况是生活于现代社会呢?各种各样的商品让我们眼花缭乱,只有想不到的,没有买不到的。原本60平方米的房子就足够居住和生活,可是当看到同事买了上百平方米的豪华居室之后,自己的攀比之心也犹如被上满了发条,于是开始嫌弃原来60平方米的房子,也想买对他也许毫不实用的三室两厅两卫。难道自己房子的面积要取决于同事或者邻居房子的大小吗?

在美国,有位教授曾经做过一个问卷调查,他对接受采访的人说:"你自己挣11万美元,其他人挣20万美元;你自己挣10万美元,而其他人只有8.5万美元。两个选择,你更愿意选择哪个呢?"绝大多数的美国人选择了后者,显然,攀比之心在作怪。《巴尔的摩哲人》的编辑亨利·曼肯曾经这样描述攀比的人:"财富就是你比妻子的妹夫多挣一百美元。行为经济学家说,我们越来越富,但是体会不到幸福,部分原因是,我们总拿自己与那些物质条件更好的人相比。"

心灵悄悄话
XIN LING QIAO QIAO HUA

走向卓越的第一步,就是知道我们的信念是可选择的。你可以选择束缚你的信念,也可以选择扶助你的信念。卓越的要诀就在于,选择能引导你成功的信念,丢掉会扯你后腿的信念。没有你应该做的事,只有你的信念驱使自己要做的事。

全力做事，证明自己

跟随别人永远不会有自立的风景。是做一株自立自主的木棉，还是做一棵匍匐于架上的葡萄？靠别人也许会降低我们奋斗的艰难，可一旦我们的依靠走开，最终崩塌的却是我们自己的生活；靠自己我们要经历许多风雨的磨砺，但我们必须明白，自己最可靠。

美国总统约翰·肯尼迪的父亲从小就注意对小肯尼迪独立性格和精神品质的培养。有一次，他赶着马车带小肯尼迪出去游玩。马车速度很快，突然在一个拐弯处，猛地把小肯尼迪甩了出去。当马车停住时，小肯尼迪以为父亲会下来把他扶起来，但父亲却坐在车上悠闲地掏出烟吸了起来。小肯尼迪叫道："爸爸，快来扶我。"

"你摔疼了吗?"

"是的，我自己感觉已站不起来了。"小肯尼迪带着哭腔说。"那也要坚持站起来，重新爬上马车。"小肯尼迪自己挣扎着站了起来，摇摇晃晃地走近马车，艰难地爬了上来。父亲摇动着鞭子问："你知道为什么让你这么做吗?"小肯尼迪摇了摇头。父亲接着说："人生就是这样，跌倒、爬起来、奔跑、再跌倒、再爬起来、再奔跑。在任何时候都要全靠自己，没人会去扶你的。"

从那时起，父亲就更加注重对小肯尼迪的培养，如经常带着他参加一些大的社交活动，教他如何向客人打招呼、道别，如何与不同身份的客人交谈，如何展示自己的精神风貌、气质和风度，如何坚定自己的信仰，等等。有人问他："你每天要做的事情那么多，怎么有耐心教孩子做这些鸡毛蒜皮的小事?"

"我是在训练他做总统。"约翰·肯尼迪的父亲一语惊人。

肯尼迪在父亲的栽培下,逐渐摆脱了依赖,自立自强,从而在成为总统的路上迈出了坚实的一步;而我们作为普通人,如果摆脱了依赖,就多了一分自主,也就向自由的生活前进了一步。

丰田汽车创立于1933年,由第一代领导人丰田喜一郎带领,他为丰田制造汽车的梦打下良好的基础。1950年日本战败之后,丰田汽车由于大量借款陷入资金周转的危机,几乎濒临破产的危机,在爆发大型劳工抗争运动的同时,丰田喜一郎因决定与被裁撤的员工同进退而辞职。

新任社长由石田退三继任,在经历了高额举债所造成的大灾难后,他发布了丰田汽车未来发展最重要的策略思考主轴:绝对不轻易借钱。"自己的城堡,自己架设;自己的城堡,自己守护。"是石田退三留给丰田汽车最珍贵的遗产,因有了缺乏资金而体验到无比痛苦的经验,才有了绝对不依赖他人,要靠自力前进的决心。从此丰田汽车将绝不让金钱追着跑,把发展可以自由调度的资本视为经营第一准则,充分落实了"无负债经营"的哲学。1977年,丰田汽车甚至被封了一个丰田银行的雅号,并且有能力提供顾客资金买车。他们没有太多的幻想,完全排除利用低利率从事高杠杆财务操作或企业经营,他们认为由别人来架设城堡无法赢得战争,所以在他们身上没有这样的内容,因此任何的突变都不会遮住他们的眼睛。这是他们在日本长达15年的经济低迷中,仍然在个人财富累积及企业产品销售中立足全球顶端的最重要原因。

后来,石田先生说:"业内的人都嘲笑丰田'想在沙漠里种树',但丰田人还是把树种出来了。不仅如此,在布满荆棘的道路上前进的丰田人还学会了独立自主。"当然这个过程是非常痛苦的,压力很大,困难很多,竞争激烈,然而"痛苦能产生进步。就算再痛苦,也要自己埋头钻研,有了这种气概,才能实现'独立自主经营'"。"自己的城堡,自己守卫"这是一种气魄,也是一种责任,在外界的冲击面前,任何人都是靠不住的,尤其是以金钱为枢纽的关系,只有靠自己开辟出一条路来,你才能嗅到胜利的花儿。

从小到大,每个人都曾有过种种奇妙、瑰丽的梦幻,但渐渐地,由于他人的嘲讽、怀疑,自己便动摇、退却,梦终究还是梦。只有那些怀着高远梦想并全力圆梦的人,才会创造幸福的奇迹。将梦想半途摈弃的人,他们的人生终将平庸无为,而始终将梦想放在心中并且付诸行动的人,他们的人生才是真正有意义的、实现个人价值的,同样也是幸福的。

在电视剧《至尊红颜》里,唐太宗评价武媚娘时用了四个字"胆大心细",千娇百媚的武媚娘沿着她的人生轨迹,在后宫佳丽里披荆斩棘,扶摇直上,最终成为中国唯一的女皇帝,也许真的是得力于她这一优秀的素质。然而,历史自有历史的演绎,人生却有着人生的不同。无论,你从事什么职业、谱写着怎样的人生,证明自己正确的最好方法之一就是努力去实现哪怕是最疯狂的梦想。

无须太多词句的纠缠,也不必太多无谓的诠释,当命运华丽的面纱在眼前频频舞动时,当身陷困境而玄机重重时,当"雾锁楼台,月迷津渡"时,都要相信自己,一心一意听从梦想的召唤,用果断和勇敢揭开命运的面纱,打开玄机找到出路。

在法国的乡村,有一位普通的邮递员每天奔走于各个村庄,为人们传送邮件。

一天,他在山路上不小心摔倒了,不经意发现脚下有一块奇特的石头,看着看着,他有些爱不释手,最后他把那块石头放进了邮包。

村民们看到他的邮包里还有一块沉重的石头,都感到很奇怪。

他取出那块石头晃了晃,得意地说:"你们有谁见过这样美丽的石头?"

人们摇了摇头:"这里到处都是这样的石头,你一辈子都捡不完的。"可是,他并没有因为大家的不理解而放弃自己的想法,反而想用这些奇特的石头建一座奇特的城堡。

此后,他开始了另外一种全新的生活。白天,他一边送信一边捡这些奇形怪状的石头;到了晚上,他就琢磨用这些石头来建城堡的问题。

所有的人都觉得他是疯了,这根本就是不可能的事。

二十多年以后,在他住处出现了一座错落有致的城堡,可在当地人的眼里,他是在干一些如同小孩建筑沙堡一样的游戏。

20世纪初,一位记者路过这里发现了这座城堡,这里的风景和城堡的建造格局令他慨叹不已,为此写了一篇文章。文章刊出后,邮差希瓦勒和他的城堡就成为人们关注的焦点,甚至艺术大师毕加索也专程拜访。

今天,这个城堡已成为法国著名的风景旅游点。

据说,那块当年被希瓦勒捡起的石头,被立在入口处,上面刻着一句话:"我想知道一块有了愿望的石头能走多远。"

原来,人的心走多远,人的脚步走多远,美丽的梦就能走多远。

一个没有高远梦想的人就像一艘无舵的船,永远漂泊不定、心无所依,那么搁浅是必然的,由灰心、失望而导致失败也是在所难免的。

人生因梦想而美丽。心怀梦想,扬帆远航,即便是路途中遇到狂风暴雨,梦想也会像启明灯一样,帮助我们渡过危难时刻,最终在平静的海面上无忧无虑地驰骋,实现人生的目标,实现自我的价值。

对梦想的怀疑乃是对自我的最大贬损。避免这样的事情发生的方法有很多,然而这其中有哪一样比果断勇敢地去实现梦想更为有效呢?

著名的导演李安出道不久就拍《理智与情感》,面对的是在异域早已走红的影星,他自述时说自己当时真的很不安,可是既然作出了选择,也只有义无反顾,最后作品上映后引起了很大的反响。倘若,当初,他犹豫不决,不敢接手这部电影,与这么好的素材失之交臂的话,将是一个多么大的损失。倘若李安当初在这种大胆的想法面前止步,他就不能证明自己,电影院也就失去了一个极具票房号召力的大师级人物。

兰斯顿·休斯说:"要及时把握梦想,因为梦想一死,生命就如一只羽翼受创的小鸟,无法飞翔。不要因为想法太疯狂而对它产生怀疑,想要证明自己正确,那就努力去实现它。"

心灵悄悄话
XIN LING QIAO QIAO HUA

生活中总有那么一抹无法穿越的迷失,总有人不知道"在下一个路口,向左还是向右"?纷乱的生活给了我们太多的选择机会,太多的选择意味着太大的自由,这些自由让我们对曾经有过的旷世梦想产生了怀疑。

做人的"高度、深度、宽度"

做人的高度由你的品格决定,做人的深度由你的思想和智慧决定,做人的宽度由你的心胸决定。

做人的高度

一个事业攀上顶峰的人就有做人的高度吗?不是。在商场上叱咤风云的人物,就有做人的高度吗?也不是。他们虽然拥有别人艳羡的财富,但是社会看到的往往是他们光鲜的一面,这些事业有成者辉煌的背后,掩藏着许多不为人知的辛酸。

有一位年轻女性,在商场中不断拼搏,资产几年间就超千万。在财富迅速膨胀的同时,她的个人意识也迅速膨胀起来,总是自以为是、刚愎自用,听不进任何不同声音,以至同事与她疏远,未婚夫离她而去。后来,一场大病过后她才清醒过来。她说:"我现在才知道自己是谁,我现在才发现我并不会经营自己。我原来以为自己已经达到人生的一个高度,到现在才知道,其实我比我那些员工高明不了多少。"

一般说来,金榜题名、官运亨通、财富加身都是正当的社会追求,也是衡量人生高度的基本参照。当今许多人都以这种追求向社会展现着他们人生高度的辉煌,这是无可厚非的。作为一种价值取向,它甚至是我们这个社会充满活力的象征。职位能够换来权利,在职场生涯中能够达到人生的某个高度；金钱能带来财富，可以在享受中达到某个高度；荣誉能带来赞扬，可以在影响上达到某个高度，但是并不完全表示这个人在做人上也达到了相应的高度。这些高度都是暂时的，必须持之以恒地不断努力才可以保持，而它们与做人的高度还不是一回事。

一个人拥有权力、金钱、名誉，仅仅能证明他在人生经历中有过某种辉煌而已。在做人上是否能达到社会认可的高度，则是另一回事情。做人的高度要靠什么铺垫呢？靠品格，靠学识，靠理性，靠诚实，靠尊严，一句话，不是依托权力与金钱，而是依托社会评价体系中那些为大众所赞颂的情感、理念、行为和方式。

从前有个年轻英俊的国王，他既有权势，又很富有，但却为两个问题所困扰，他经常不断地问自己，他一生中最重要的时光是什么时候？他一生中最重要的人是谁？

他对全世界的哲学家宣布，凡是能圆满地回答出这两个问题的人，将分享他的财富。哲学家们从世界各个角落赶来了，但他们的答案却没有一个能让国王满意。

这时有人告诉国王说，在很远的山里住着一位非常有智慧的老人，也许老人能帮他找到答案。国王到达那个智慧老人居住的山脚下时，装扮成了一个农民。

他来到智慧老人住的简陋的小屋前，发现老人盘腿坐在地上正在挖着什么。"听说你是个很有智慧的人，能回答所有问题，"国王说，"你能告诉我谁是我生命中最重要的人？何时是最重要的时刻吗？"

"帮我挖点土豆，"老人说，"把它们拿到河边洗干净。我烧些水，你可以和我一起喝一点汤。"国王以为这是对他的考验，就照他说的做了。他和老人一起待了几天，希望他的问题能得到解答，但老人却没有回答。

最后，国王对自己和这个人一起浪费了好几天时间感到非常气愤。他拿出自己的国王玉玺，表明了自己的身份，宣布老人是个骗子。

老人说："我们第一天相遇时，我就回答了你的问题，但你没明白我的答案。"

"你的意思是什么呢？"国王问。

"你来的时候我向你表示欢迎,让你住在我家里。"老人接着说,"要知道过去的已经过去,将来的还未来临——你生命中最重要的时刻就是现在,你生命中最重要的人就是现在和你待在一起的人,因为正是他和你分享并体验着生活啊。"

在这则故事中,老人做人的高度就比国王高。他明白人生的钻石就在身边。而国王一直在寻觅永恒不变的幸福,寻找功盖千秋的成功。但他却不知道,他要找的东西可能早已与他擦身而过了。

做人的深度

有思想才会有智慧,人生就像一道数学题,你知道相关知识,还要知道怎么解答这道题。这就是智慧。拥有思想智慧的人,才会有更加灿烂的未来。

有一家效益相当好的大公司,为扩大经营规模,决定高薪招聘营销主管。广告一打出来,报名者云集。

面对众多应聘者,招聘工作的负责人说:"相马不如赛马,为了能选拔出高素质的人才,我们出一道实践性的试题:就是想办法把木梳尽量多地卖给和尚。"

绝大多数应聘者感到困惑不解,甚至愤怒:出家人要木梳何用?这不明摆着拿人开涮吗?于是纷纷拂袖而去,最后只剩下三个应聘者:甲、乙和丙。

负责人交代道:"以10日为限,届时向我汇报销售成果。"

10天期限到了。

负责人问甲:"卖出多少把?"答曰:"1把。"问他"怎么卖的?"甲讲述了所经历的辛苦。他游说和尚应当买把梳子,不但没效果,还惨遭和尚的责骂。好在下山途中遇到一个小和尚一边晒太阳,一边使劲挠着头皮。甲灵机一动,递上木梳,小和尚用木梳刮头皮后满心欢喜,于是买下一把。

负责人问乙:"卖出多少把?"答曰:"10 把。"问他"怎么卖的?"乙说他去了一座名山古寺,由于山高风大,进香者的头发都被吹乱了,他找到寺院的住持说:"蓬头垢面是对佛的不敬。应在每座庙的香案前放把木梳,供善男信女梳理鬓发。"住持采纳了他的建议。那山有十座庙,于是买下了 10 把木梳。

负责人问丙:"你卖出多少把?"答曰:"1000 把。"负责人惊问:"你是怎么卖的?"丙说,他到一个颇具盛名、香火极旺的深山宝刹,朝圣者、施主络绎不绝。丙对住持说:"凡来进香参观者,多有一颗虔诚之心,宝刹应有所回赠,以做纪念,保佑其平安吉祥,鼓励其多做善事。我有一批木梳,您的书法超群,可刻上'积善梳'三个字,便可做赠品。"住持大喜,立刻买下 1000 把木梳。得到"积善梳"的施主与香客也很是高兴,一传十、十传百,朝圣者更多,香火更旺。

显然,丙比前两个推销员更有智慧和观察力,因此他思想的深度就要比前两个人深。

思想是人的灵魂,为什么有人能在行业里叱咤风云,为什么有人能在某个事情上独占鳌头,其根本的差别在于脑子。没有思想武装的脑子只是个控制机体的动物体,人的一生,什么得到了都会失去,唯独思想一旦留下了轨迹就永远不会失去,不会因为明天到来它就会走掉。人的一生,也是因为有了思想才会有所追求,才能有所表现,能活得有意义。

做人的宽度

古语道:"宰相肚里能撑船",这是强调为人处事要大度,要善于宽待别人。

也许就在不久前,有人伤害了你的感情,而你很难将此事忘记。你觉得自己不该受到这样的伤害,因此它深深地留在你的心中,在那里继续伤害你的心灵。

当我们仇恨别人时,实际上等于给了他们制胜的力量。那力量能够妨碍我们的睡眠、胃口、健康和幸福。而被仇恨的人一旦知道我们是多么的恨他,却丝毫不能伤害到他们,他们一定会高兴得跳起舞来,而我们的生活也因为恨变成了地狱。

没有人一生不会犯错误,有的人对别人的错误永远不能原谅,但是自己犯错却希望得到别人的原谅,这是多么不公平的事情。只有你对别人有宽容之心,别人对你才有宽容之心。

当我们受到不公平和很深的心灵伤害后,我们自然对伤害者产生深深的怨恨情绪。哲学家汉纳克·阿德里指出,堵住痛苦回忆的激流的唯一办法就是宽恕。

她是一位医生,正逢花季年龄28岁,可是她的右脸边有一道伤疤,这使她至今没有结婚。

本来,医生的职责是救死扶伤,可是,望着眼前这个病人,她犹豫了……在她八九岁时,正逢上三年级,她的同桌无理抢夺她新买的一支钢笔,她当然不同意,两人扭打在一起,情急之下,同桌用一个刀片划伤了她的脸,伤口不算深,但很长。她哭了,她不敢告诉老师和家长,也不愿以牙还牙。她的眼里含着泪,再次看了同桌一眼,同桌的嘴角边有一块痣,她永远都忘不了……

在以后的日子里,她成为同学们的笑料,她只有刻苦学习,以优异的成绩来弥补。再次看着眼前这个病人,她恰恰是自己的同桌。同桌是因为车祸而被送进医院的。她只要把刀开得偏一点儿,同桌的脸上也同样会出现一道疤,"复仇"本是人的本性……但是她犹豫了,最终她选择了宽容,完美地做了这个手术,并且原谅了同桌。

宽容不是风度,而是人格。女医生是值得敬佩的,她以德报怨,宽容别人时,自己心里也很坦荡。

宽容并不是怯懦，而是一种高尚的人格。地洼下，水流之；人宽容，德归之。

心灵悄悄话
XIN LING QIAO QIAO HUA

每一个人的人生其实都是朝着不同角度行走，因为角度的不同，所遇到的困难大小和性质也不同，他们在对待困境时拿出来的资源和时间也不同，也就意味着，每一个人在不同的角度能走多远。许多人都想成功，但是许多人到最后却甘于平庸了，这是为什么？就是因为他们缺乏高度和角度。

主宰你的人生

对每个生命来说，最重要的是：只有自己才是自己的上帝，只有自己才是自己的主宰。

有一天，上帝来到人间，遇到一个正在钻研人生问题的智者。上帝敲了敲门，走到智者的跟前说："我也为人生感到困惑，我们能一起探讨探讨吗？"

智者说："我越是研究，就越觉得人类是一个奇怪的动物。他们有时候非常善用理智，有时候却非常不明智，而且往往在大的方面迷失了理智。"上帝也颇有感慨地说："这个我也有同感。他们厌倦童年，急于长大，却在长大后又渴望回归童年；他们健康的时候，不知道珍惜健康，往往用健康换来财富，又用财富换来健康；他们对未来充满焦虑，却往往忽略现在，结果既没有生活在现在，又没有生活在未来之中……"

智者静静地听着，然后，他要求上帝对人生提出自己的忠告。上帝从衣袖中拿出一张纸，上边只有这么几行字：你应该知道，你不可能取悦所有的人；最重要的不是去拥有什么东西，而是去做什么样的人和拥有什么样的朋友；富有并不在于金钱最多，而在于贪欲最少；伤害一个人只要几秒钟，但是治疗他却要很长的时光；宽恕别人和得到别人的宽恕还是不够的，有时人也应当学会宽恕自己；你所爱的如果是一朵玫瑰，那你不要极力地把它的刺除掉，你需要做的就是不要被它的刺刺伤，自己也不要伤害到心爱的人；尤其重要的是：**学会珍惜**，因为很多事情错过了就没有了。

智者看完了这些文字，激动地说："只有上帝，才能……"抬头一看，上帝已经走得无影无踪了，只是周围飘着一句话："对每个生命来说，最重要的便是：只有自己才是自己的上帝，只有自己才是自己的主宰。"

在现实的生活中，成功快乐，自己享受；失败忧伤，自己承担，为何不做自己的主宰呢？

在这个世界里，没有人生下来就是世界首富，没有人一出生就是国家元首，所有的成功者都是靠自己的努力获得成功的。世界上没有不劳而获的事情。

世界上最伟大的推销员乔吉拉德说过："一世由我决定，一切由我控制，一切奇迹都要靠自己创造。"

1929 年，乔吉拉德出生于美国一个贫民窟。自从出生以来，他就给别人擦皮鞋，做报童，做过洗碗工，送货员。在 35 岁前，他简直就是个完全的失败者，且他还患有严重的口吃，说话很吃力，换了 40 份工作以后依然一事无成。

乔吉拉德因背负一身债务无钱偿还而被银行赶进积雪的冬季时，他开始销售汽车，他做了推销员，开始了他的推销生涯。很快便创下了几年连续荣登吉尼斯世界纪录大全世界第一宝座的佳绩。连续几年平均每天销售 6 台汽车，至今无人超越得了他。

但是谁又能想到，这样一个背负着巨额债务的人，竟然在短短的 3 年内被吉尼斯纪录誉为"世界上最伟大的推销员"，成了一个传奇人物。

世界汽车大王亨利·福特曾说过："我就是自己命运的主宰。我就是自己灵魂的统帅。"

我们是有能力控制自己的思想和行为的，我们是可以决定自己命运的！

《假如给我三天光明》一书中的主人公海伦·凯勒，在出生十九个月后，因为生病，失去了听力和视力。她的发声器官虽然没有受损，却无法接收到学习与模仿的刺激，所以不会说话，变成一个重度残疾者。

然而海伦·凯勒并没有因此放弃生命，她在老师安妮·莎利文的帮助下，从只会用手语表示意思到可以独立阅读和用嘴与人交流，海伦付出了比同龄人多几倍，甚至几十倍的努力。也正是因为这样，她在 20 世纪初期，顺利地从美国哈佛大学得克利夫学院毕业。后来，海伦·凯勒竟成为出色的演说家，而且出版了许多著作。

心灵悄悄话
XIN LING QIAO QIAO HUA

　　在现实生活中，我们大部分人是有正常的听力、视力和说话能力的，但却在遇到困难的时候，随命运的摆弄，毫不反抗。所以很多时候，残疾的人比正常的人更加坚强，更是自己的主人。相信自己，主宰自己吧，没有人可以让你的生命变得更丰富多彩，只有你自己！

第五篇　做人与做事

第六篇　　善与恶，美与丑

人性的善恶，就像一对反义词。对整个人类的生存与发展有积极作用的行为，我们称之为善，反之为恶。恶象征着个体生命被残杀及被毁灭。

从这个意义而言，人性善就意味着人生命个体本身有希望生存与发展的愿望。从人类发展的历史来看，人无时无刻不在谋求着自身的生存与发展，这足以证明人性是善的！

在人的一生中，你可以不会弹钢琴，可以不会做雕塑，甚至于可能遭遇大灾大难，但你不能没有健康的心理，因为健康的心理是人生的基石。

要有健康的心理

你不能左右天气，但你可以改变心情！你不能改变容貌，但你可以展现笑容！你不能控制他人，但你可以控制自己！

健康，不仅包括身体健康，还包括心理健康。什么才是健康的心理呢？

能够适应周遭的环境，具有完整的个性特征，且其认知、情绪反应，意志行为处于积极状态并能保持正常的调控能力；在生活实践中，能够正确认识自我，自觉控制自己，正确对待外界影响，使心理保持平衡协调，就已具备了心理健康的基本特征。但是一旦产生消极、冲动的情绪，心理就不健康了吗？当然不是。

所谓的健康心理，就是指你对自己和他人都有正确的认知，有积极良好的心态、自控能力，能正确地对待外界的影响。

现在对心理健康的标准是这样定义的：

A. 具有充分的适应力；

B. 能充分地了解自己，并对自己的能力作出适度的评价；

C. 生活的目标切合实际；

D. 不脱离现实环境；

E. 能保持人格的完整与和谐；

F. 善于从经验中学习；

G. 能保持良好的人际关系；

H. 能适度地发泄情绪和控制情绪；

I. 在不违背集体利益的前提下，能有限度地发挥个性；

J. 在不违背社会规范的前提下，能恰当地满足个人的基本需求。

有许多人错误地认识心理健康的内涵，认为一个拥有健康心理的人就没有嫉妒、自卑等心理。其实，嫉妒、自卑等心理也是人性的组成部分，没有人可以完全摒弃它们。但有着健康心理的人会将它们缩小，将友爱、自信、乐观放大，让人性美和坚强的一面占据内心。

只有拥有健康的心理才有健康的人生。无论何时，一个人最需要得到的是一种健康的心理，一种平常的心态。因为一个不具有健康心理的人，他的内心如同一片荒漠，即使你给他栽上几株艳丽的花，随着时间的推移，也终究是要凋谢的。而一个心理健康的人却如同拥有一片肥沃的土壤，它会使每一粒知识的种子生根、发芽、开花、结果。一个具有健康心理的人会清楚地认识自己，并找到自己的人生位置。他们会在自己的天地里艰苦开垦、辛勤耕耘，收获着幸福和喜悦；而一个心理残缺的人，即使他有许多长处，也会因为找不到自我而处于无尽的痛苦和失败中。

在人的一生中，你可以不会弹钢琴，可以不会做雕塑，甚至于可能遭遇大灾大难，但你不能没有健康的心理，因为健康的心理是人生的基石。

在今日，我们有时会听到某某学生跳楼，他们有着灿烂的青春，不用为衣食住行发愁，而他们还选择自杀。也许有人说这是因为学生的心理太脆弱了，或者他们根本不懂自己现在多么的幸福。而从根本来说，现在的学校普遍只重视升学率，却忽略了学生的健康心理。

2005 年，广东省某市的一名六年级女孩从自家八楼天台跳楼自杀。警方接到报案后火速赶往现场时，她还能说出自己的姓名和家里电话；被送到惠州市中心人民医院 2 小时后，由于肝脾破裂大出血，抢救无效死亡。这一少年自杀事件令人震惊。女孩的班主任说，她的学习和思想品德十分优秀，根本没有想到她会自杀。在她父母眼里，她也是一个乖乖女，她的朋友和她的关系也很好，但是谁也没想到她会莫名其妙地自杀。

有资料显示，我国有 3000 万青少年处于心理亚健康状态，每年都有数以万计的人存在严重或比较严重的心理问题。

古语说："身安不如心安，心宽强如屋宽。"这说明一个健康的人既要有健康的身体，更要有健康的心理。随着社会的进步，医疗卫生水平的提高，身体疾病对人类健康的危险相对变小,而心理适应不良乃至严重失调者却日见增多,心理健康状态已成为影响人类健康和人们日常生活、工作和学习的突出问题。

现在的成年人也面临着亚健康心理的状态,许多人因为一些小事情与人大动干戈,有的竟也选择放弃生命。在我们扼腕叹息的同时,也要审视自己的心理是否也已经处于亚健康状态。

古语说:"吾日三省吾身"。在一天结束的时候,你可以回顾这一天都发生了什么,为什么会让自己那么做,当你意识到自己处于消极或悲观的时候,要及时调整过来。

比如当你失业时,你是否整日唉声叹气,是否知道叹气不仅于事无补,反而会加重你的忧虑,甚至加重你身边的人的忧虑?消极的情绪会传染,当你不快乐时,也会影响和你关系密切的人的心情。同样的道理,积极的情绪也会传染,当你振作,对未来充满希望时,不仅你会感受到乐观的强大力量,你身边的人也会因为你的积极振作,而充满自信和欣慰。

你应该让自己保持健康的心理,它会在你消极时,产生惊人的力量,不让你灰心丧志,失去乐观。

为什么人们对世界的看法不一样,有的人认为人与人之间只有利用、利益,一切都是灰暗的,毫无生机的,甚至是毫无希望的。他们整日生活在自己的认知给他带来的消极灰暗的心理中,如同生活在万年冰窖里。有的人一睁眼看世界,就看到了阳光和鲜花。他在哪里,哪里好像就有鲜花包围,永远乐观向上。他们的本质区别就是:对人性、对自我、对环境的认知和感受。

每一个人都害怕伤害,不要以为很成功的人就是铁打的心,能够承受任何伤痛。最为关键的是,一个人如何对待这些伤害,是将它变成人生的动力,还是变成让你不再相信自己或他人的祸端。

生活就是由无数的难题拼接而成的,健康的心理就像阳光,能够驱散所有的乌云。

在我国唐代有两个著名作家,一个是因《陋室铭》而著称的刘禹锡,一个是写有《捕蛇者说》的柳宗元。二人是好朋友,都有仕途不顺而被贬官的

经历。但刘禹锡性情旷达，人生态度乐观，虽被贬官，却能将陋室布置得"苔痕上阶绿，草色入帘青"，追求高雅的生活情趣，与"鸿儒"交谈，与"素琴""金经"为伴，心理保持健康，寿命达70多岁。而柳宗元被贬后却长期心情不畅，气血郁滞，终致英年早逝，仅仅活了46岁，连他的作品集《柳河东集》也未来得及整理，是刘禹锡帮助他整理出来的。这说明有积极向上的人生态度与健康是有密切关系的。

在当今世界，"不相信眼泪"已经成为许多人追求的励志口号。当你面对人生困境时，可以看看下面的几句话：对人生，我们要充满自信，积极对待，微笑乐观；对困难和压力，要满不在乎、轻松自在；对他人，要不卑不亢、宽仁博爱；对工作，要敢说敢做，拿得起放得下。这或许会给你某些人生启示。

心灵悄悄话
XIN LING QIAO QIAO HUA

许多成功的人即使遭受了背叛、被人利用，也依然相信人性，相信自我，正确地分析环境。这样的人就拥有健康的人生。反之，承受不了这些的人，就会被消极、愤恨所打败。

行不忘善

时不忘勤,事不忘俭,言不忘和,行不忘善是对做人处事的一种指导。它告诉人们,切不可懒惰、奢侈、急躁和行恶。

勤劳节俭一直被当作中华民族的一项重要传统美德,而事实上,中国人也是世界上最勤劳的民族之一,他们为自己的事业打拼,为生活打拼,为梦想打拼。

俗话说勤能补拙,勤俭致富。勤劳是我们工作生活的一块宝玉,只有勤劳才能达到我们的生活目标,而懒惰最不可要。

在一个偏僻的小山村里,居住着父子二人。他们经营的大果园种着桃树、李树、杏树等,一年下来,收获颇丰。

但天有不测风云,一场疾病降临在父亲身上。而儿子看见父亲病了,自己也偷起懒来。不再勤劳地耕地、管理果园。几个月后,树上的果子尽被虫子咬穿!偶尔有人到园子里看看,摇摇头就走了,果园渐渐荒芜了。一天,父亲忽然病情严重起来,危在旦夕!他知道自己剩下的日子不多了,在临死前不愿看见自己一手创办的果园毁在儿子的手里,于是,他把儿子叫了过来,对儿子说:"园中有金,你去挖吧!"说完,就撒手人寰。儿子听后,高兴万分,拿起锄头跑到果园里挖金子。挖了一天又一天,手挖出了血泡,可是一无所得,他很失望。日子一天天过去,到了秋天,儿子想去果园看看。啊!园中的葡萄、苹果都结果了。儿子拿着箩筐去收果子。收完后,他终于明白了父亲的良苦用心。原来财富是要靠自己的双手去创造的,否则一无所获。

后来,儿子变得更加勤劳,很多人都来买他的果子,也赚了很多钱。果园万里飘香,更美了! 他永远也不会忘记改变他命运的是他父亲的教导。

勤劳能致富,但是节俭才能守富。你今天富有,但是奢侈的生活会让你变为穷人。有的人今天吃遍山珍海味,明天就吃窝头咸菜,这种人看似会享受生活,实则是完全不懂生活的人。

勤俭节约,在任何时候都不会过时,会节俭生活也是一种艺术。

春秋时代,有一对好朋友名叫张玉和陈邵。他们读书、作息都在一起。张玉因家境较为贫穷,所以需要自己工作,赚取生活费用。陈邵则因家中富裕,所以衣食无虞,但是,每到要交房租的时候,陈邵却总是没钱。

一天,陈邵接到家中寄来的信,说:"受战乱波及,家中已无多余钱财,希望你能自力更生。"陈邵看了吓了一跳,心想:"如何是好?"这时,张玉满身是泥地从外面进来,陈邵就问他:"你到哪里去了?"张玉回答:"我在屋子旁开垦了一块菜圃,种些蔬菜,除了自己吃,还可以赚些钱。"陈邵听后把自己的情形告诉张玉。

张玉笑了笑,说:"你跟我来。"他们一起走进张玉的房间。

张玉指着晒干的米饭说:"这是你平常剩下的,我把它晒干后,再煮稀饭吃。此外,在课余,我还教一些小孩读书。收到的钱,存到竹筒里,不到必要时,绝不拿出来用。现在又种了些蔬菜,应该可以宽裕了"。

陈邵听了十分惭愧地说:"我已经知道你开源节流的方法了,谢谢你。"

《尚书·大禹谟》中说"克勤于邦,克俭于家",大意就是在国家事业上要勤劳,在家庭生活上要节俭。克勤克俭,是我国人民的传统美德。

传说中的古代圣贤都是这样做的,他们对于国家大事尽心尽力。大禹勤劳于治水大业,三过家门而不入。尧特别关心群众,认为别人挨饿受冻,是自己的工作没有做到家,是自己的过错。古代圣贤们的生活都十分节俭,经常穿着粗布衣裳,吃粗米饭,喝野菜汤。由于尧、舜、禹在事业和生活上克勤克俭,所以赢得了百姓的拥戴。

坚持节俭还要有自律能力,司马光在《训俭示康》中说:"由俭入奢易,由奢入俭难。"即从节俭变得奢侈容易，从奢侈转到节俭则很困难。这本是司马光引述他人的话用来训诫子孙的，意在强调要自觉保持俭朴，谨防奢侈，含有自勉、警世之意。人都想过好日子，这本无可厚非。但是过于奢华是不可取的，而且这种追求是永无止境的。商纣王用了双象牙筷子，他的臣子就要逃走，原因是看到了纣王的贪欲一发将不可遏止。所以，要想坚持节俭，培养自律的能力也很重要。

言不忘和，行不忘善。我国现在大力提倡建造"和谐"社会，这与我们先祖千百年来倡导的"以和为贵"的理念是分不开的。

仅从与"和"有关的成语，我们就能看出，"和"在社会中占有的重要地位，如"和气生财"，"和气致祥""民和年丰"等都是说"和谐"。

有一位主妇在外劳作时，发现有四位老人在寒冷的天气里，被冻得瑟瑟发抖。她于心不忍，便对几位老人说："老人家，外面冷着呢，到我家去吧。"老人们打量主妇说道："让我们去你家，你家有男人在家吗？"主妇答道："我先生去工作了，儿子也上学去了，都不在家啊。""那我们不去，你男人不在家，我们不去了。"

主妇也不知如何是好，只得回家了。等丈夫回来后与丈夫道明此事，丈夫听后也善心大发，对妻子说："你快去，就说我家男人回来了，请他们到家里来吃饭。"主妇听从丈夫的话，出门去找四位老人，没走多远就看见了他们。她对老人们说明来意，并邀请他们到家里做客。老人们听了以后很高兴地说："谢谢你们。但我们只能去其中一个，你要我们哪个去呢？我是财富，还有成功、平安与和谐，你先回去问问吧。"

主妇听后回家与丈夫商议，丈夫一听，"那就让财富来，财富多好！"儿子听了说："还是成功好，让成功进来。"可主妇认为还是平安好。就在大家争执的时候，他们的小女儿说："不如就让和谐老人来吧。"丈夫听女儿这一说，仔细想想后，决定请和谐老人。当主妇告知和谐老人此事，老人听了很高兴，就随主妇回家。但主妇发现剩下的几位老人也一同来到她的家。

主妇不解，就问和谐老人："刚才不是说只有一个人来吗？"和谐老人答道："我们已经说好了。我们几个之中，只要你是请我去，那么财富、成功、平安就会跟着我一起走进你的家。"

与人和，与人友善相处，才能创造出和谐的人际关系。如果一个人整天带着刺，对别人讥讽挖苦，在别人有困难时，也冷眼旁观，甚至落井下石，那么这样的人生活必定不是幸福的，而注定是孤独一生。因为没有人敢和这样的人成为知心朋友，没有人能受得了别人的一再嘲讽。

所以，在做人处事上请记住这句话：时不忘勤、事不忘俭、言不忘和、行不忘善。

心灵悄悄话
XIN LING QIAO QIAO HUA

孟子曾说："天时不如地利，地利不如人和。"人和占首位，人和才能兴邦。所谓齐家治国平天下，也是讲的一个"和"字，只有一个家族内的人的关系和谐，人人都对别人友善，一个国家才能和谐，进而天下太平。

为什么会存在恶

杰克·伦敦曾经说过："凡是使生命扩大而又使心灵健全的一切便是善良的；凡是使生命缩减而又加以危害和压榨的一切便是坏的。"

恶是什么？恶由心生。恶，是亚字下面一个心字。说明你的心灵处于亚健康状态就容易产生恶。恶是毒瘤，必须祛除。

如果用法律的准则去衡量善恶，违法犯罪就是恶，奉公守法就是善。但前提是该国的法律公正严明，人人平等。

善与恶的区分，自古以来就一直被人们讨论着。

古希腊的哲学家伊壁鸠鲁认为：快乐就是善，反之就是恶。到了17世纪，英国唯物主义哲学家霍布斯认为：服从君主的命令就是善，违背君主命令就是恶。19世纪初英国的功利主义伦理学家边沁认为：凡是能发生快乐的行为就是善，凡是发生痛苦的行为就是恶。儒家把"义"视为善，凡是符合"义"的行为就善，反之，就是恶。而墨家，把"利"看作是善。认为"利"所得而善也；"害"所得而恶也。凡是符合利的行为就是善，反之，就是恶。道家则认为世界上根本就无是非、善恶可言。西汉的唯心主义哲学家董仲舒提出了"天人感应"学说，在他看来，凡是符合天意的行为就是善的、道德的行为；反之，凡是违反天意的行为就是恶的、不道德的行为。中国伟大的民主主义革命家、中国民族资产阶级的杰出思想家孙中山认为：道德进步就是要不断地"减少善性，增多人性"。在孙中山看来，人性即"互助"是善的，善性即"竞争"是恶的，道德的进步就是人的"善性"与"恶性"的斗争过程。要使人由"恶"到"善"，就要不断清除"善性"，克服"竞争"，发挥人性，扩大"互助"。凡此种种，历史上的各派思想家对善恶的解释不同，但有一个共同的特点，即把代表他们所属的那一个阶级的善恶观看作是所有社会和阶级都适用的,否认了善恶对于不同的社会、不同的阶级具有不同的意义。

其实,**善恶是人们依据一定社会或阶级的道德原则和道德规范来进行判断的,凡符合一定社会或阶级利益的行为就是善,反之就是恶**。由于道德本身具有历史性和阶级性,因而善恶的判断标准也必然具有历史性和阶级性。不同时代、不同阶级、不同民族、不同地区,人们的善恶观念是不同的。

而我们所说的恶,是大众所认同的恶,即做出违背人们所共同认可的道德准则的行为,如不尽赡养义务、坑蒙拐骗及各种违反法律的事情,都是恶。

但是就像黑色与白色掺杂在一起会变成什么颜色的问题一样,不光只有黑或者白,还有可能是一个过渡的灰色。善与恶的区分有时也是相对的。如:A.骂人或者称赞别人。通常会认为骂人就是恶,称赞就是善。如果一个人犯了法,骂他是为了教育他,那么骂就是善,如果一个人为了拍马屁,讨好别人,那么称赞就是恶。B.比如脾气倔强和性格温和。通常脾气倔强的人往往被看成恶,性格温和的人往往被看成善。但是脾气倔强是为了真理而不妥协,不屈服于所谓的权威,这就是善。然而性格温和,是害怕得罪人,屈服于恶人恶事,如同窝囊废一般,这就是恶。C.又比如说对富人态度和谐,尽心尽力;对穷人漠不关心,不闻不问。到底是善还是恶? 又比如说对自己的朋友热心,对他人冷淡。是善还是恶? 又比如说求别人时真心真意,用不着别人时敷衍了事,到底是善还是恶? 又比如说对自己父母孝顺,对别的老人不尊重,到底是善还是恶?

当然,不是所有的恶都是相对的。杀人放火、抢劫偷盗,即使犯罪的人有多少理由,也是恶的。笔者提出相对的恶的目的是说,在我们以为"恶"的时候,有可能只是看到了表面,而其本质是好的。但也有许多的事情,我们无法简单地判断善恶好坏。

春秋时代的鲁国有一条法律规定:凡是鲁国人被别的国家抓去做奴隶,若有人肯出钱,把这些人赎回来,就可以向官府领取赏金。孔子的学生子贡很有钱,虽然也赎回一些被抓去的人,却不肯接受鲁国的赏金,纯粹是帮助他人,本意很好。但是孔子听到之后,很不高兴地说:这件事子贡做错了,圣贤无论做什么事情,都是为了能把风俗变好;可以教训、引导百姓做好人,这种事才可以做;不是单单为了自己觉得爽快称心,就去做的。现在鲁国富有的人少,穷苦的人多;若是受了赏金就算是贪财,那么不肯受贪财之名的人,和钱不多的人,就不肯去赎人了。那就一定要很有钱的人,才会去赎人。如果这样的话,恐怕从此以后,就不会再有人向诸侯赎人了。子路看见一个人,跌在水里,把他救了上来。那个人就送一只牛来答谢子路,子路就接受了。孔子知道了,很欣慰地说:从今以后,鲁国就会有很多人,自动到深水大河中去救人了。

这两件事,从常人的眼光来看,子贡不接受赏金是好的,子路接受牛,是不好的。不料孔子反而称赞子路,责备子贡。因为从长远看来,子贡的"善"虽然在眼下不会产生弊端,但是这样一直下去,就会产生弊端。我们也知道了一个人做善事,不能只看眼前的效果,而要讲究是不是会产生流传下去的弊端;不能只论一时的影响,而是要讲究长远的是非;不能只论个人的得失,而是要讲究它对大众的潜在影响。

人生来就不是"恶"人,倘若知道自己的恶人行为而改之,那他就将变成一个善人。

心灵悄悄话
XIN LING QIAO QIAO HUA

善与恶,只在一念之间。假设两个善良但饥饿的人只有一块饼,如果两个人都想独吞,那么有一个人就必须饿死,此时他们的善良就会被恶盖住;如果两个人将这块饼分了,相互支持,那么他们的善是伟大的、博爱的。

生活中需要善

能够试着去发现你周围的人有什么需要,是你可以帮助的,并愿意给予其不求回报的付出,这就是善良。

善的哲学定义是:善是具体事物的组成部分,是具体事物的运动、行为和存在对社会和绝大多数人的生存发展具有的正面意义和正价值,是具体事物具有的有利于社会和绝大多数人生存发展的特殊性质和能力,是人们在与具体事物密切接触、受到具体事物影响和作用的过程中,判明具体事物的运动、行为和存在符合自己的意愿和意向,满足了自己的生理和心理需要,产生了称心如意的美好感觉后,从具体事物中分解和抽取出来的有别于恶的相对抽象的事物或实体。

在古希腊,人们认为善不仅有好、可欲、有益的意思,还有幸福的含义。先哲苏格拉底认为:对于任何人有益的东西对他来说就是善。他甚至将善的知识称为"一种关于人的利益的学问",而"一切可以达到幸福而没有痛苦的行为都是好的行为,就是善和有益"。苏格拉底还认为:美就是善。他认为美德就是善。善是至高无上的宗教,是指导人们思想和行为的唯一东西,人们应该认识什么是善行。

佛教认为善行是对自己有益的,对他人亦是有益的行为;是在今世是好的,在来生也是好的行为。这四个条件都具备,才能算是纯善的行为。

佛教所说的善法就是指包含善的行为,善法就是善行。善法有世间的,有出世间的,种类繁多。但简单点来讲,最基本的善法,不出十种,叫作"十善"。这十善法,即是十恶法的反面:身不杀生,不偷盗,不邪淫;口不妄言,不绮语,不两舌,不恶口;意不贪,不嗔,不痴。

但是善究竟是什么呢?为什么善是一个人的美好品德?

佛说放下屠刀,立地成佛。这也是一种"善",从恶转变的"善"。

他是一个劫匪,坐过牢,之后又杀了人,穷途末路之际他又去抢银行。这虽是一个很小的储蓄所,但抢劫却遇到了从来没有过的不顺利。两个女子拼命反抗,他把其中一个杀了,劫持另一个上了车。因为有人报了警,警车越来越近了,他劫持着这个女子狂逃,把车都开飞了,撞了很多人,轧了很多小摊。

这个刚刚21岁的女孩子才参加工作。为了这份工作,她拼命读书,毕业后又托了很多人才找到工作。她父母双亡,没钱送礼答谢帮助过她的人,是她哥卖了血供她上学为她送礼,她只有这一个哥哥。

她想她真是命苦,刚上班没几天就遇到了这样恐怖的事情,怕是没有生还的可能了。

这时,劫匪终于被警察包围了,所有的警察让他放下枪,不要伤害人质。他疯狂地喊着:"我身上好几条人命了,怎么着也是个死,无所谓了。"说着,他用刀子在她颈上划了一刀。

她的颈上渗出血滴。她流了眼泪,她知道自己碰上了亡命徒,知道自己生还的可能性不大了。

"害怕了?"劫匪问她。

她摇头:"我只是觉得对不起我哥。"

"你哥?"

"是的,"她说,"我父母双亡,是我哥把我养大,他供我上学,为了我的工作送礼,他都28岁了,可还没结婚呢,我看你和我哥年龄差不多呢。"

劫匪的刀子在她脖子上挪了开来,他狠着心说:"那你可真是够不幸的。"

围着劫匪的警察继续喊话,但劫匪无动于衷,接着和她聊着她哥。他身上不仅有枪,还有雷管,可以把这辆车引爆,但他忽然想和人聊聊天,因为他的身世也同样不幸。他的父母早离了婚,他也有个妹妹,他妹妹也是他供着上了大学,但他却不想让他妹妹知道他是杀人犯!

她和劫匪讲着小时候的事,说她哥居然会织手套,在她13岁来例假之后曾经去找一个20多岁的女孩子帮她,她一边说一边流眼泪。劫匪看着前方,看着那些喊话的警察,再看着身边讲述的女孩,忽然感觉尘世是那么美好,但一切已经来不及了。

劫匪拿出手机,递给她:"来,给你哥打个电话吧。"

她平静地接过来,知道这是和哥哥最后一次通话了,所以,她几乎是笑着说:"哥,在家呢? 你先吃吧,我在单位加班,不回去了……"

这样的生离死别竟然被她说得如此家常,他的妹妹也和他说过这样的话,看着这个被自己劫持的人,听着她和自己哥哥的对话,劫匪伏在方向盘上哭了。

"你走吧。"他说。

她简直不敢相信自己的耳朵。

"快走,不要让我后悔,也许我一分钟之后就后悔了!"

她下了车,走了几步,居然又回头看了劫匪一眼。她永远不知道,是她那个家常电话救了她。那个电话,唤醒了劫匪心中最后仅存的善良,那仅有的一点善良,救了她的命!

她刚走到安全地带,便听到一声枪响,回过头去,她看到劫匪倒在方向盘上。

劫匪饮弹自尽。

很多人问过她到底说了什么让劫匪居然放了她? 她平静地说,我只说了几句话,我对我哥说的最后一句话是:"哥,天凉了,你多穿衣。"

她没有和别人说起劫匪的眼泪,因为说出来别人也不会相信,但她知道那几滴眼泪,是人性的眼泪,是善良的眼泪。

在最后一刻,劫匪因为女孩的话而感动,让善念苏醒,放走了女孩。这就是善的伟大力量,它能让人从万劫深渊中解脱出来,因为善是人心底最真挚的感情。

善是当你看到乞丐时,产生的同情,是你施予的瞬间;善是别人不小心弄坏你东西时,你对他的原谅;善是当路人迷路时,你指引他正确的方向;善是你把喝完的饮料瓶子送给正在捡塑料瓶的人;善是你在公交车上给老幼病残孕让座；善是捡到别人的东西不据为己有；善是别人有困难时，你伸出援助之手。

培根说："我认为善的定义就是有利于人类。""利人的品德我认为就是善。在性格中具有这种天然倾向的人，就是仁者。这是人类的一切精神和道德品格中最伟大的一种。"

让你爱的人快乐是善；让爱你的人快乐是善；让恨你的人不恨是善；让你恨的人不被你恨是善。

我们所讨论的是人性的善，但善也有真善和假善之分。比如有人对她的上司非常恭敬，但是对她的下属却不客气，这是真善吗？不是，是虚伪的善。要看一个人是不是真的善良，要从心判断，不能只从表面现象就作出判断。

假如一个人既打人又骂人，一般人会觉得他是不好的，但是如果我们仔细去看，他是为了打醒别人才打骂他们，这个时候你觉得打是对的，还是不对的？当为了朋友或亲人真心着想而做出的在旁人看来是不对的行为时，其出发点却是善的。

心灵悄悄话
XIN LING QIAO QIAO HUA

第六篇　善与恶，美与丑

善不是任人欺负不还手，任人打骂不还口，任人侮辱不作声。善是你对别人真诚的表现；善是当你与别人发生口角时，理智地熄火；善是当你愤怒时，能够站在对方的立场思考……

人与人之间真诚相处的最基础条件就是心存善念，这个善具体的体现就是爱、尊重、真诚。

勿以恶小而为之，勿以善小而不为

善良的行为有一种好处，就是使人的灵魂变得高尚，进而做出更美好的事。

明朝时，江苏镇江京口有一位秀才叫张生，家境贫穷，品行恶劣，时常为祸乡里。但他生性相当豪爽，敲诈勒索来的钱财，随意散去，乡邻中许多贫困人也多受到他的帮助，因此他自己家里没有隔宿之粮。

一年除夕，张生家中又断粮了。心想亲戚故友之中，都有旧怨，而且多是些势利小人，想不出有哪一家可以去借点钱来，自己又不愿去摇尾乞怜，向人求告。就拿了家中的一块旧布料，到当铺强当了千文钱，买了一斗米、食品和香蜡纸，放在篮子里往家走。因天晚雪大，路上又滑，快到家门口时，不小心跌了一跤，篮子里的东西全部翻倒在泥泞里。张生赶忙回家拿了盏灯，返回去找。意外地拾到一只口袋，用手一提，很重。拿回家一看，内有元宝几只，碎银数十两，还有很多零钱以及账簿一本和手折好几扎。他将手折打开看后，知道这些东西原来是一家绸缎庄的。张生非常高兴，心想这下子可以过上安稳生活了。正要拿到里屋去，忽然想到，这东西一定是店中伙计收的账，路过这里丢失的。如果给店主交不了账，他必然只有死路一条，不如等他来找，还给他。就把袋子放好，自己拿着灯，坐在门外风雪中等待。

没过多久，见远处一老者和两个少年，手里挑着绸庄的号灯，沿路找寻着走过来，神色仓皇。张生想这一定是失主，就招呼他们说："你们找什么？"老者一看是张生，知道他是个无赖，不敢直说，支吾着想走。张生大声说："你们打着灯笼到处照，是不是找丢失的东西，快告诉我！"老者只得实说："刚才收账路过此处,遇上雨雪交加,急忙赶路,丢了一只布袋,所以返回来寻找。现在找不到,想必是过路人拾去了!"

张生问他袋中有什么,老者把银钱、账簿等物,一样样报出来,完全相符。张生说："要不请到我家小坐一下,拾东西的人我已知道是谁了!"老者向张生作了一揖,说："如果先生知道,请马上告诉我,不敢随便到你府上打扰!"张生说："这里雪大,鄙家就在旁边!"说完将老者拉到他家,进屋拿出口袋说："快看看这里边东西对不对?"老者大惊,畏惧万分地望着他,嘴唇动了动,不敢说什么。

张生安慰说："老先生不要怀疑我。我要是想拿这袋中之物,怎能一个人呆呆地坐在风雪中傻等着你呢!"说着把口袋递给他。老者泪如雨下,说："我在店中管收账,今日丢失了东西,就是把家全卖了,也赔偿不起,只有死路一条。感谢先生救了我!"老者一连叩了不知多少头。起身后,请张生分取一半,张生严肃地拒绝了。老者说："先生不取,我也不能走!"张生笑着说："非要给,就借给我银子,让我大年能吃上顿饱饭!"老者见他是真心实意,不敢再说什么,拿一块碎银给他,叩谢而去。

张生拿了钱出去买了粮食和果品,献神供天,夫妇吃了年夜饭。张生这一夜梦中被人捆绑,去到一个王者模样人的面前。王者呵责他说："你多行不义,再不改正,当堕饿鬼道!"张生正叩头乞饶,忽然有一人手拿一张状子近前禀报。王者脸色立即和缓下来,说："这是大善事,足以抵消以往的恶行。应该还他禄籍,入本年科榜。"又对张生说："你回去后,应当痛改前非。一心向善,前程未可限量!"

张生醒来,知道是那件还银事,感得神佑。天亮之后,就在神明前发誓止恶从善,以赎从前的罪业。不久,那位老者,衣冠楚楚前来拜谢,说："前番若非先生之恩德,我全家老小的性命就完了!我已把这件事报告了我的东家,他必有所奉报。"张生谦逊地道了谢。从此尽心行善,而生活更加贫困,常常几天都揭不开锅。

初秋月半,所有秀才都去金陵参加秋试。只有张生一文钱都没有,每日饭钱都难筹措,就不再想应考之事了。忽然遇到前老者,问他："先生为什么还不动身去应考?"张生回答说自己没有钱。老者说："先生是个善人,

乡试岂可不去参加！请你先回去，在家等我！"张生刚到家不久，老者和一位青年人就赶到了，老者对张生说："这位就是我东家，为先生高义所感动，早想报答！听说先生要去赶考，生活困难，奉赠二十金，白米四石。"又从自己袖袋中拿出二十金交给张生说："这是我积蓄的工钱，也奉赠给先生，请快去应考！"张生推辞不过收下钱，立即搭便船赶往金陵应试。揭榜，果然考中。老者又和店东家来赠送张生进京赴试的路费，张生竟联捷中了进士，官位做到了观察使。有诗云：行本无赖度残身，恶念顿除发善心。坐雪持银俟失主，前愆赦去赐福祉。

善念最为珍贵，张生靠一善念而超出饿鬼登上禄籍，虽是传说，却也让人领悟了善的力量。他能够见巨利而不贪，也是他乐于周济贫困的善根所致。这不正昭示人的命运并非一成不变，而重在自己的抉择取舍！上天主持着公道，惩恶扬善，报应分明。善有善报，是鼓励人多做善事；恶有恶报，是让人知道警惕戒备。因此人生在世，一定要遵从天理，恒守善念，善人在人间备受人们的钦敬，在天道上自然会获得上天的庇佑，使福报久远而绵长。逆天理，拂人心，荆棘险阻，就不是"道"，应当深恶痛绝，坚持禁止。

人心向善，所以世界美好；而人心向恶，世界则陷入灰暗。

善不积不足以成名，恶不积不足以灭身。张生若没有弃恶扬善，得到善因和善名，也不会有后来的老者送金供其参加科举考试，从而走上仕途。

真、善、美是人们追求的目标。但是现在的人大多信奉"人善被人欺，人恶被人唾"的中庸思想，既不做太"善良"的人，以防被人欺负，也不会做大"恶"人，去欺负他人。但是这种中庸思想的坏处就是保护自己，不管别人。你冷漠待人，别人也会冷漠待你，你只对自己"行善"，而不对别人"行善"，那么，你在你的工作和生活的圈子中，既不会得到别人的认可，也不会积累人际资源。而本书提到的善主要是对他人的善。积善名，是对别人善的人因为对别人友善而同样得到别人的友善对待。

当一个人如果习惯了做一些小恶事，而不去修改，那么总有一天他会去做大的坏事，对别人和自己都造成难以弥补的伤害。所以，人应该对自己的行为防微杜渐。

刘备曾在临死前对儿子刘禅说:"勿以善小而不为,勿以恶小而为之"。

现代人对善恶的真实意义并非了解得那么清楚,对小善和小恶的为或不为也只是停留在概念化、表面化的理解,而没有提高到理念化的认识。

我们有时会看到这样的场景,一个天天被教育拾金不昧的孩子在地上捡起一角钱,他跑到妈妈身边说:"妈妈,我捡到了一角钱,去交给警察叔叔找到它的主人。"妈妈说:"这只是一角钱,不要去管它,别弄脏了手!"孩子不得不扔掉他捡到的钱,似懂非懂地走开。这个妈妈认为这种"善行"太小不值得去做,于是也不让孩子去做。在生活中,我们还可能遇到各种尴尬事,如:有人掐了公园花坛的一枝花,有人阻止他,说不应该这么做,那人却说:"我只是摘了一朵花,又不是什么大的过错,何必如此大惊小怪呢?"你若再开导他,他会说:"此事与你无关,你最好别管。"再多说几句,有可能还遭到别人的拳头。

虽然这些事情很小很小,但难道我们就可以因恶小而为之或因善小而不去为之吗?我们已经懂得"积沙成塔"的道理,我们也应该知道小善积多成大善、小恶积多变大恶的道理。

善恶的大小,从本质上来说并没有大小的区别:善就是善,恶就是恶。我们不应因某人捐出一个亿就说他是大善,某人只捐了一块钱就不算什么善。善并没有大小,而在于是否出自真心。恶的大小在于故意或是无意。

心灵悄悄话
XIN LING QIAO QIAO HUA

　　我们应该时常关注自己的善和恶的行为。小善小恶地为之还是不为往往是对人性的检验,往往会对个人习惯、品德的养成产生重要影响,同时也对社会的稳定和发展带来影响。

第六篇　善与恶,美与丑

善也是一种学问

积善是用对别人的友善成就自己的人生,积恶是用自己的双手毁灭自己。

善也是一种学问,是一种做人处事的学问。

在你的同事取得比你更优秀的成绩时,你会冷语讥讽,还是掌声鼓励?当你得到一个可以将自己的敌人逼向死路的机会时,你会放对方一条生路吗?

在我们的生活中,我们总会遇到和自己有摩擦的人,需要自己帮助的人,这时我们该如何对待?

吕寒在美国的律师事务所刚开业时,连一台复印机都买不起。后来,美国刮起移民浪潮,他接了许多案子,终于有了自己的车、房子、雇员。但是一念之差,让他将资产投资股票而几乎尽亏。更不巧的是,岁末年初,移民法又被再次修改,职业移民名额削减,他的事务所顿时门庭冷落。他想不到从辉煌到倒闭几乎仅在一夜之间。

这时,他收到了一封信,是一家公司总裁写的:愿意将公司30%的股权转让给他,并聘他做公司和其他两家分公司的终身法人代理。他不敢相信自己的眼睛。

他找上门去,总裁是个只有四十开外的波兰裔中年人。"还记得我吗?"总裁问。他摇摇头,总裁微微一笑,从宽大的办公桌的抽屉里拿出一张皱巴巴的5块钱汇票,上面夹的名片,印着柏年律师的地址、电话。他实在想不起还有这一桩事情。"10年前,在移民局",总裁开口了,"我在排队办工卡,排到我时,移民局已经快关门了。当时,我不知道工卡的申请费用涨了5块钱，移民局不收个人支票，我又没有多余的现金，如果我那天拿不到工卡，雇主就会另雇他人了。这时，是你从身后递了5块钱上来，我要你留下地址，好把钱还给你，你就给了我这张名片。"听到此，他也渐渐回忆起来了，但是仍将信将疑地问："后来呢？""后来我就在这家公司工作，很快我就发明了两个专利。我到公司上班后的第一天就想把这张汇票寄出，但是一直没有。我单枪匹马来到美国闯天下，经历了许多冷遇和磨难。这5块钱改变了我对人生的态度，所以，我不能随随便便就寄出这张汇票。"

吕寒绝对没有想到当初的5块钱会让他在最艰难的时候出现了奇迹。

是啊，在生活中，我们经常碰到需要帮助的朋友、同事、同学或陌生人。也许那帮助对你来说十分微小，但是对他们来说此时却是遇到了最让他们头疼的事情。伸出你的援手，拿出你的善良，帮助他们，你收获的将可能是奇迹。

积善就是用对别人的友善成就自己的人生，积恶就是用自己的双手掐死自己。

在现代社会里，人与人更重视合作与沟通，靠单打独斗是不行的。与别人合作就要拿出你的真诚与友善，才能让别人也拿出诚意与你合作。

不要小看平时的善举，当你只是惯性的，没有任何目的地给人以帮助，实际上就是在为你自己与别人的关系打铺垫。

有两个人同时进了新公司，甲整天低头做自己的事情，不与同事交流，有困难自己扛，别人有困难也不去理会，这个人就像一个影子一样生活在新公司里，整日闷闷不乐，因为没有人和他说笑，吃午饭时也是一个人，走到哪里都是一个人。而乙一来新公司，就凭着对修理电脑方面的精通，为同事解决了电脑中病毒的问题。他就此打开了与新公司人际关系的一个窗口，后来再中午吃饭时，主动为别人带饭，他又赢得了不少人的欢迎。

乙用对别人的帮助，成功地在新公司建立了新的人际关系，不让自己处于被新公司同事孤立的状态，这就是帮助别人，赢在自己的道理。

相反，不帮助别人，在别人有难时还扔石头的人迟早会被别人丢的石头砸死。

一个人不可能顺利、风光一生，总有虎落平阳的时刻。在自己风光时，随便践踏别人的尊严、得理不饶人，在他(她)出现人生低谷时，就会被别人同样对待。所以，万事不能走极端，给别人留余地，实则是给自己留余地。

收起骄傲，收起讽刺，拿出你的善良，即使对方是你多么憎恨的敌人。所谓物极必反，当你对别人步步紧逼时，反而会让他们产生"生存"意志。而给他们一条生路，就是让自己真正铲除一个地雷。因为他们会对你的放过，心存感激。

心灵悄悄话
XIN LING QIAO QIAO HUA

你对别人善，别人可能不一定对你善；但你对别人恶，别人一定会对你恶。所以，多行善总比多行恶好，因为所有人都不知道，哪一天会碰到什么事，而冤家路窄通常都会在一个人处于人生低谷时出现。

善待自己与善待别人

慈善的行为比金钱更能解除别人的痛苦：你爱别人，别人就会爱你；你帮助别人，别人就会帮助你。

生活永远是向前行驶的，时间的流逝永远是难以把握的，但我们的生活仍然要继续，适应从陌生到熟悉的这个漫长过程。而我们身边无论发生什么事情，都需我们勇敢地面对。

"平衡造就理想，反差构成现实。"在生活中，我们总是对未来有很多期盼，但是现实却总是有所差距，让我们无奈。人总有悲观的时候，或多或少埋怨老天，埋怨自己，这时我们就要善待自己。其实很多时候，我们会踩进自己设下的"陷阱"，在决定一件事时为何要犹豫不决，为何要想太多而不去做，最终我们还是无所作为，会为当初的放弃而后悔。因为我们顾及得太多，也许表面上是为了当时自己会感觉好些，但到头来，我们还是会平添遗憾。**"你改变不了环境，但你可以改变自己；你改变不了事实；但你可以改变态度；你改变不了过去，但你可以改变现在；你不能预知昨天，但你能把握今天……"**在生活中，我们要善待自己，保持积极乐观的态度面对生活，进而激发出对生活的激情。我们要正视自身的存在，不要觉得自己十分渺小；然而地球没有了我们照样会转，更不要太在乎外界的目光和贬低，我们应该自信，也要相信只有你才能让自己的世界变得不一样。我们要拥有积极向上的动力，找到自己，享受学习和生活上的快乐，在经历中获得成长与发展。有人会在生活中沉沦、迷惘、逃避、走向极端……我们要学会呵护心灵。我们可以放松心情，开放心情，安顿心情，"宁静致远，淡泊明志"。面对困境的时候采取合适的方式调整我们的心情，藐视困境，为所"当"为。同时，我们也要善于调整自己的心态，当我们的心灵遭遇挫折时，我们可以有所寄托并释放自己的情感。换句话说,善待自己就是要善待自己的身心,要通过不断地锻炼身体和培养积极向上的精神风貌,树立奋发有为和知足常乐的健康心态,对自然界永远保持一种良好的和谐互动的关系,使得我们的身心得到不断的充实和快慰。

善待自己,也要善待他人。除了要正视自身的存在外,我们还要与他人建立良好的人际关系。人际关系是生活中不可缺少的一部分,因为我们的生活与成长永远不能脱离身边的人。善待他人就是善待自己,因为他们的存在,才有你今天的存在。我们的一言一行时时刻刻都在塑造着社会,社会也无处不在地左右着我们每一个成员的生活状态。如果我们每个人都怀抱着团结互助的心态去为人处事,那么这个社会就是一个充满爱的和谐社会。反之,如果人们都做损人利己的事情,那么这个社会也就没有发展可言了。可见,"善待他人"对于和谐社会的建设起着关键性的作用。

在一个极其寒冷的冬日夜晚,一间简陋的旅店迎来了一对上了年纪的客人。不巧的是,这间小旅店早就客满了。"这已是我们寻找的第十六家旅社了,这鬼天气,到处客满,我们怎么办呢?"这对老夫妻望着店外阴冷的夜晚发愁地说。

店里的小伙计不忍心这对老人出去受冻,便建议说:"如果你们不嫌弃的话,今晚就住在我的床铺上吧,我自己在店堂里打个地铺。"老夫妻非常感激,第二天要照店价付客房费,小伙计坚决拒绝了。临走时,老夫妻开玩笑地说:"你经营旅店的才能真够得上当一家五星级酒店的总经理。"

"那就好了!起码收入多些可以养活我的老母亲。"小伙计随口应道,哈哈一笑。

没想到两年后的一天,小伙计收到一封寄自纽约的来信,信中夹有一张往返纽约的双程机票,信中邀请他去拜访当年那对睡他床铺的老夫妻。

小伙计来到繁华的大都市纽约,老夫妻把小伙计引到第五大街和三十四街交汇处,指着那儿的一幢摩天大楼说:"这是一座专门为你而建的五星级宾馆,现在我们正式邀请你来当总经理。"

年轻的小伙计因为一次举手之劳的助人行为，美梦成真。这就是著名的奥斯多利亚大饭店经理乔治·波菲特和他的恩人威廉先生一家的真实故事。

乔治·波菲特因为善待他人，收获了奇迹。而在工作生活中，那些慷慨付出、不求回报的人往往更容易获得成功，因为他们在善待他人的同时，也得到了他人的友善。而那些自私吝啬、斤斤计较、只注重个人得失的人，不仅没有真正的朋友，也不会有真诚与他合作的人。

心灵悄悄话
XIN LING QIAO QIAO HUA

善待他人，要学会换位思考，"推己及人，人我一也；将心比心，两心通也"。许多事情如果一味地从自己出发，往往令人百思不得其解，陷入山重水复疑无路的境地之中；倘若站在他人的角度为他人着想，常常会豁然开朗，柳暗花明。

第六篇　善与恶，美与丑

第七篇　现实与理想

　　现实和理想总是有差距的,有的人迫于现实而放弃了理想,因为理想太不切合实际而不得不放弃它。许多在职场疲于奔命的人早已将理想遗忘在角落里。生活虽然有很多的无奈,但是我们不该放弃理想,理想是我们人生的指路灯。给自己找一个切合实际的理想,并为之努力奋斗,将让你的人生充满力量和激情。

　　一旦决定了目标,应该用最大的努力,把百分之五的希望,变为百分之百的现实。胜利者与失败者的重要区别是:胜利者屡败屡战,绝不轻易放弃努力;失败者屡战屡败,可惜地放弃了努力。

做一个有理想的人

一旦决定了目标,应该用最大的努力,把百分之五的希望,变为百分之百的现实。

胜利者与失败者的重要区别是:胜利者屡败屡战,绝不轻易放弃努力;失败者屡战屡败,可惜地放弃了努力。

有一个青年,他很有理想,但是却不知道能不能实现。有一天,他去拜访一位德高望重的智者。当时,智者正在自己的果树园里采摘苹果,智者没有给他什么更好的建议,而是让他帮自己将高挂在树梢的一颗又大又红的苹果摘下来。这个青年的个子并不算低,尽管他很努力,但他还是无法摘到那颗硕大的苹果,他有些失望,面露难色。智者看到这一切,对青年说:"年轻人,你为什么不跳起来试一试呢?"青年听了智者的话,他跳了一次,没有摘到,跳了第二次,依然没有摘到苹果。第三次,他稍微休息了一下,顺便调整了自己的情绪,然后,他突然奋力一跳,那颗硕大的苹果就轻松地握在他的手中。在摘到苹果的一刹那,青年的心中也同时一亮,他终于明白,智者这是在告诉他:一个人如果要想成功,就必须学会跳起来采摘那些看起来高不可取的"苹果"。只有这样,才能品尝到成功的喜悦。

这个故事告诉我们,如果你有理想,就应该使出全身的力气,把理想变成现实。

有目标,却没有毅力,那目标就是空谈。

一天,古希腊大哲学家苏格拉底对学生们说:"今天咱们只学最简单也是最容易做的事。每个人把胳膊尽量往前甩,然后再尽量往后甩。"说着,苏格拉底示范做了一遍:"从今天开始,每天做三百下。大家能做到吗?"

学生们都笑了。这么简单的事,有什么做不到的?过了一个月,苏格拉底问学生们:"哪个同学坚持每天甩手三百下?"有百分之九十的同学骄傲地举起了手。又过了一个月,苏格拉底又问,这回,坚持下来的学生只有八成。

一年过去了,苏格拉底再次问大家:"请告诉我,最简单的甩手运动,还有哪几位同学坚持了?"这时,整个教室里,只有一个人举起了手。这个学生就是后来成为古希腊另一个大哲学家的柏拉图。

成功在于坚持,目标的实现在于坚持和努力。我们常说坚持就是胜利,坚持就是努力,但是常常没有多少人做到,所以许多人都是一个平凡的人。

有人曾做过这样的实验,将一条鲨鱼和几条小鱼分别放在一块很厚的玻璃隔板两侧。开始时,鲨鱼想吃小鱼,飞快地向小鱼游去,可一次次都撞在玻璃隔板上,游不过去。撞了很多天后,鲨鱼放弃了努力,不再向小鱼游去。更有趣的是,当实验者将玻璃板抽出来之后,鲨鱼也不再尝试去吃小鱼!鲨鱼失去了吃小鱼的信心,也放弃了可以达到目的的努力,即使成功就在眼前,但是它却错过了。

有的人断言:人在四分钟内跑完一英里的路程,那是绝不可能的。然而,有一个人首先开创了四分钟跑完一英里的纪录,证明了他们的断言错了。这个人就是罗杰·班尼斯特。数十年前被认为是根本不可能的事情,为什么变成了可能的事情?是因为有人没有放弃努力。

即使你的成功在别人眼里只有微乎其微的希望,但是只要你自己坚持,总有成功的一天。好多障碍并不是存在于外界,而是存在于我们的心里。几乎每个胜利者,都曾经是个失败者。胜利者与失败者的重要区别是:胜利者屡败屡战,绝不轻易放弃努力;失败者屡战屡败,可惜地放弃了努力。

1927 年，美国阿肯色州的密西西比河大堤被洪水冲垮，一个九岁的黑人小男孩的家被冲毁，在洪水即将吞噬他的一刹那，母亲用力把他拉上了山坡。

1932 年，那男孩读完八年级毕业了，因为阿肯色的中学不招收黑人，他只能到芝加哥读中学。无奈家里没有那么多钱，母亲因而作出了惊人的决定——让男孩复读一年。她则为整整五十名工人洗衣，熨衣和做饭，为孩子攒钱上学。

1933 年夏天，家里凑足了那笔血汗钱，母亲带着男孩踏上了火车，奔向陌生的芝加哥，母亲靠当用人谋生。男孩以优异的成绩从中学毕业，后来又顺利地读完了大学。1942 年，他开始创办一份杂志，但最后一道障碍是缺少五百美元邮费，不能给订户发函。一家信贷公司愿借贷，但有个条件，得有一笔财产做抵押。母亲曾分期付款好长时间买了一批新家具，这是她一生最心爱的东西。但她最后还是同意将家具做了抵押。

1943 年，那份杂志获得巨大成功。男孩终于能做自己梦想多年的事了：将母亲列入他的工资花名册，并告诉她算是退休工人，再不用工作了。那天，母亲哭了，那个男孩也哭了。

后来，在一段反常的日子里，男孩的一切仿佛都坠入谷底，面对巨大的困难和障碍，男孩已无力回天。他心情忧郁地告诉母亲："妈妈，看来这次我真要失败了。"

"儿子，"她说，"努力试过了吗？"

"试过。"

"非常努力吗？"

"是的。"

"很好。"母亲果断地结束了谈话，"无论何时，只要你努力尝试，就不会失败。"

果然，男孩渡过了难关，攀上了事业的巅峰。这个男人就是驰名世界的美国《黑人文摘》杂志创始人、约翰森出版公司总裁、拥有三家无线电台的约翰·H·约翰森。

只有坚持不懈的努力，才会让看起来不可能的事情发生奇迹。其实每一个人都可以创造奇迹，但是关键在于你真的努力了没有。在即将成功或失败时，如果你已经失去了信心，失去了努力的心，那么你注定一辈子都会失败。

心灵悄悄话
XIN LING QIAO QIAO HUA

如果能追随理想而生活，本着正直自由的精神、勇往直前的毅力、诚实不自欺的思想而行，则定能臻于至美至善的境地。

找点时间来梦想

有一首爱尔兰祈祷词,祈祷词的篇名是《这一天》:

"运用时间去工作,这是成功的代价;费点时间去思索,这是力量的泉源;花点时间去游戏,这是青春永驻的秘密;抽出时间来阅读,这是智慧的基础;匀出时间来对人友好,这是人生的快乐大道;找点时间来梦想,使你挟泰山超北海;找点时间来爱人和被爱,这是上帝的恩典;寻找时间来放眼四顾,这是通向无私的捷径;用些时间来放声大笑,这是灵魂的音乐。"

找点时间去梦想,在现实的生活中,在繁忙的事业中,又有几人记得自己的梦想,即使有恐怕也早已遗忘在岁月里。

我们每天都在拼命工作,拼命挣钱,挣钱又为了买房子、买车子,但是当自己富有的时候,却发现钱再多,也买不到梦想。

我们跟现实妥协,因为梦想有太多不能实现的借口。我们甘愿做平庸的人,也不再追逐梦想。当别人问我们想实现什么样的人生时,我们茫然不知,只知道要挣钱,要生活。生活为了什么? 也不知道,大概是为了结婚,有一个家,然后让家变成支撑自己的一切。

你是否知道,向现实妥协就是接受别人眼中的自己,追求梦想就是告诉别人什么才是真正的你。向现实妥协,就是告诉别人,你就是这样的人,没有梦想没有追求。可是如果你拥有梦想,并且始终追逐,别人会看到你带着一个太阳生活。

每一天我们都是匆匆忙忙的,吃饭要几分钟内就完成,上班等车没有耐心,看到堵车更闹心,工作也急于一天完成,似乎有把火在身后烧,与朋友吃顿饭也是越快越好。似乎自己就像一台机器,每一分每一秒都浪费不得。可是,我们根本不是机器,而是人。需要休息,需要爱,需要友情,还需要梦想。

吃饭的时候,我们可以享受它的美味。上班等车时,可以想想如何让这一天愉快地度过;看到堵车,为什么不欣赏外面的风景?工作虽紧迫,但是也要有计划地完成。工作之余,给自己一些放松的时间,你可以学做饭,学一门生活的艺术,给自己一些小情调,一些小梦想,让自己的生活丰富起来。

找点时间,去找回曾经丢失的梦吧,那样你会更快乐。因为有梦的人看到的阳光更多,而看到的机会也更多。

要有"想干的意识,敢干的气魄,真干的功夫,能干的本领"。想——要壮志凌云;干——要脚踏实地。

有这样一种力量,它可以让人在黑暗中不断前进,在失败中不断斗争,在挫折面前不忘记追求,这种力量叫信念。

有一个挖井人,到处挖井,他想挖出水来。但是由于缺乏信念,他往往挖到一半时就灰心丧气了,甚至有一次他几乎就要成功了,却弃之而去,终归功亏一篑。有想法固然重要,但重要的还在于行动,在于行动中有没有坚韧的毅力。在我们的生活中,理想是不可或缺的,一个人如果没有理想,那么就会变得鼠目寸光,以致一生碌碌无为。但是,如果仅有理想而不付诸行动,理想就只能是一纸空文。

有一位寓言家说得好:"理想是彼岸,现实是此岸,中间隔着湍急的河流,行动就是架在两岸的桥梁。"

荀子说:"骐骥一跃,不能十步;驽马十驾,功在不舍。锲而舍之,朽木不折,锲而不舍,金石可镂。"只有脚踏实地地努力,理想才会变成现实。

理想与行动的关系,就如同引线和风筝的关系。这个风筝能飞多远,关键在于你手中的线。而这条线,就是你的内心愿望。

而我们要实现理想,就必须要有"想干的意识,敢干的气魄,真干的功夫,能干的本领"。

只有你有想去实现的强力愿望,才能下定决心去做;只有你脚踏实地去做,并且有相应的本领或技能,你才能获得成功。

有的人每一天都蜷缩在社会的一角,有理想,却没有敢干的气魄,只在空想中度过。或者有想干的意识和气魄，却不知道如何去做，也不知从何下手。只能在原地踏步，渐渐地心灰意懒，停止前进。

而一个人如果想实现梦想，首先就要看他想不想打破停留的局面；敢不敢正视存在的问题；能不能适应生活的环境；有没有改变未来的决心。

一个人倘若总是停留在一个阶层，那么他永远不会有进步，永远不会有想实现梦想的意识，总觉得人生就是如此了，不会有更好的人生出现了。从根本上说，他们害怕离开，害怕失败，于是蹉跎岁月，终老一生，碌碌无为。

而当你想做成一件事，并且有气魄去做的时候，首先要正视存在的问题。如果你选择忽略这些问题，即使你努力去做，也会失败，因为这些问题常常是核心问题。如果你连存在的问题都解决不了，你想做的事情也会受到极大的阻碍。

一些人到了新的环境常常抱怨这抱怨那。为什么不适应环境，让它成为实现梦想的一个舞台？

在还没有发明鞋子以前，人们都赤着脚走路，不得不忍受着脚被扎被磨的痛苦。某个国家，有位大臣为了取悦国王，把国王所有的房间都铺上了牛皮，国王踩在牛皮地毯上，感觉双脚舒服极了。

为了让自己无论走到哪里都感到舒服，国王下令，把全国各地的路都铺上牛皮。众大臣听了国王的话都一筹莫展，知道这实在比登天还难。即便杀尽国内所有的牛，也凑不到足够的牛皮来铺路，而且由此花费的金钱、动用的人力更不知有多少。正在大臣们绞尽脑汁想如何劝说国王改变主意时，一个聪明的大臣建议说：大王可以试着用牛皮将脚包起来，再拴上一条绳子捆紧，大王的脚就不会忍受痛苦了。国王听了很惊讶，便收回命令，采纳了建议，于是，鞋子就这样发明了出来。

把全国的所有道路都铺上牛皮，这办法虽然可以使国王的脚舒服，但毕竟是一个劳民伤财的笨办法。那个大臣是聪明的，改变自己的脚，比用牛皮把全国的道路都铺上要容易得多。按照第二种办法，只要一小块牛

第七篇　现实与理想

皮,就和将整个世界都用牛皮铺垫起来的效果一样了。

许多时候,我们应该改变自己来适应环境。

现实生活中,我们常常感到周围环境不尽如人意:自然条件的恶劣,人与人之间的相互倾轧,工作压力太大,报酬太低……面对这种种烦恼,不少人整天抱怨生活待自己太薄,牢骚满腹,怨天尤人。其实,静下心来想一想,就会明白,即使是皇帝,也没有能力让周围的一切如他所愿。对周围的环境,我们可以想办法来改变它,将现实中不令人满意的成分降低到最低限度。但改变环境是很困难的,这时候,我们应该通过改变自己来适应环境。路还是原来的路,境遇还是原来的境遇,而我们的选择灵活了,路和境遇所给予我们的感受也就截然不同了。

另外一点就是决心,任何梦想的实现都需要毅力和恒心。没有坚持,一切都不会实现。

当你有了梦想,有了想干的意识和气魄,有了敢于面对自身问题,敢于跳出原来层面的勇气,你还要有实现梦想的才能和工具,这样,才能保证你的成功。也就是说梦想要合乎你自身的条件。要能够被你追求到,而不是水中捞月般缥缈,无法抓到。否则,这一生都会很累,很疲惫。

心灵悄悄话
XIN LING QIAO QIAO HUA

如果你已经丢失了梦想,就请找一个梦想,不管是大还是小,它都会让你在工作之外找到另一份快乐。带着梦想生活学习,你的生活才会更加丰富多彩。在忙碌的时候,偶尔想起自己还有一个小小的梦想,那么你工作起来也会有激情,即使面对再繁杂的工作,也会心情愉快。

把握自己所想的

坚韧是解除困难的钥匙,它可以使人们成就更多的事情。它可以使人们在面临大灾祸、大困苦时不致覆亡;它可以使纤弱的女子担当起家中的重任,维持家庭的生计;它可以使残疾人挣钱养活衰老的父母;它可以使人们逢山凿隧道,遇水架大桥;它可以使人们修筑铁路、建设现代通信设施,将各洲贯通联络起来;它可以使人们发现新大陆,挖掘人类更大的潜力。**坚韧的品格可以使你无坚不摧、无往不利。**

希拉斯·菲尔德先生退休的时候已经积攒了一大笔钱,然而他突发奇想,想在大西洋的海底铺设一条连接欧洲和美国的电缆。随后,他就开始全身心地推动这项事业。前期基础性的工作包括建造一条1000英里长,从纽约到纽芬兰圣约翰的电报线路。纽芬兰400英里长的电报线路要从人迹罕至的森林中穿过,所以,要完成这项工作不仅包括建一条电报线路,还包括建同样长的一条公路。此外,还包括穿越布雷顿角全岛共440英里长的线路,再加上铺设跨越圣劳伦斯海峡的电缆,整个工程十分浩大。

菲尔德使出浑身解数,总算从英国政府那里得到了资助。然而,他的方案在议会上遭到了强烈的反对,在上院仅以一票多数通过。随后,菲尔德的铺设工作就开始了。电缆一头搁在停泊于塞巴斯托波尔港的英国旗舰"阿伽门农"号上,另一头放在美国海军新造的豪华护卫舰"尼亚加拉"号上,不幸的是,当天夜里,轮船突然发生了一次严重倾斜,掣动器紧急掣动,不巧又割断了电缆。

但菲尔德并不是一个容易放弃的人。他又订购了700英里长的电缆,而且还聘请了一名专家,请他设计一台更好的机器,以完成这么长的铺设任务。后来,英美两国的发明专家联手才把机器赶制出来。最终,两艘军

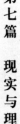
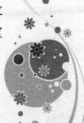

舰在大西洋上会合了,电缆也接上了头;但是,铺了 200 英里,在距离"阿伽门农"号 20 英尺处又断开了,两艘船最后不得不返回到爱尔兰海岸。

参与此事的很多人都泄了气,但菲尔德继续为此日夜操劳,甚至到了废寝忘食的地步,他绝不甘心失败。于是,第三次尝试又开始了,这次总算一切顺利,全部电缆铺设完毕,没有任何中断,几条消息也通过这条漫长的海底电缆发送了出去,一切似乎就要大功告成了,但突然电流又中断了。

这时候,除了菲尔德和他的一两个朋友外,几乎没有人不感到绝望。但菲尔德仍然坚持不懈地努力,他最终又找到了投资人,开始了新的尝试。他们买来了质量更好的电缆,这次执行铺设任务的是"大东方"号,它缓缓驶向大洋,一路把电缆铺设下去。一切都很顺利,但最后在铺设横跨纽芬兰 600 英里电缆线路时,电缆突然又折断了,掉入海底。他们打捞了几次,但都没有成功。于是,这项工作就耽搁了下来,而且一搁就是一年。

所有这一切困难都没有吓倒菲尔德。他又组建了一个新的公司,继续从事这项工作,而且制造出了一种性能远优于普通电缆的新型电缆。1866 年 7 月 13 日,新一次试验又开始了,并顺利接通,发出了第一份横跨大西洋的电报! 电报内容是:"7 月 27 日。我们晚上九点到达目的地,一切顺利。感谢上帝! 电缆都铺好了,运行完全正常。希拉斯·菲尔德。"不久以后,原先那条落入海底的电缆被打捞上来了,重新接上,一直连到纽芬兰。现在,这两条电缆线路仍然在使用,而且再用几十年也不成问题。

菲尔德的成功证明了只要持之以恒,永不放弃,绝对会有意想不到的收获。天道酬勤。凡事只要坚持到底、始终如一,没有解决不了的困难;只要你兢兢业业、坚持不懈,成功的道路上,便会有你的身影。这便是成功应有的韧性,大雪压青松,青松挺且直,管他风吹浪打,我自闲庭信步! 我们要不断地进取,养成坚定执着的个性,并用辛勤的汗水浇灌成功之花。做任何事情,只要有恒心,坚持不懈地奋斗,就能成就大事。

你曾经看见过一个做事时不管情形怎样,总是不肯放弃,不肯停止,而且每次失败之后,总会以微笑面对,并以更大的、更坚韧的力量冲向前去的人吗? 你曾经看见过一个不知失败为何物的人;一个不知何时才算受挫的人;一个要将"不能""不可能"等字眼,从他的字典中抹去的人;一个任何困难与阻碍都不足以使他放弃；一个任何灾祸、不幸都不足以使他灰心的人吗？假如你曾经看到过这样的一个人，那么毫无疑问，他就是值得尊敬的人，他的伟大就在于他那坚韧的品格。

坚韧，永远是成就大事业的人的特征。生性胆小、不敢冒险、逃避困苦的人，自然一生只能做些小事了。许多人做事开始时还满腔热忱，但在遇到了困难后，往往会半途而废，这是因为他们没有坚韧的精神。一个满腔热情、意气豪迈的人刚开始做一件事时，是毫不费力的，正因为如此，我们不能在一个人刚开始做事时就估量他的真实价值，而应该看他自始至终是否都有坚韧的品格。我们不能以一个人竞赛起步时的速率来评判他能否夺冠，而应该以他将到达终点时的速率来评判他。

坚韧的品格是最难能可贵的一种德行。许多人都肯随众向前，他们在情形顺利时，也肯努力奋斗；但是在大众都选择退出，都已向后转，而他自己觉得是在孤军奋战时，要是仍然能拥有坚韧的品格，这就更难能可贵了。有人向他的一位商人朋友推荐一个少年，在他向他的友人说出了那个少年的种种优点后，商人这样问道："他有韧性吗？他能坚持吗？这是最要紧的事。"是的！这是你终生的问句："你有韧性吗？你能在失败之后仍然坚持吗？你能不管遇到什么阻碍仍然前进吗？"

十八盘的陡峭与险峻曾使无数登山客望而却步。游人只有努力向前，才能登上泰山山顶，体验杜甫当年"一览众山小"的酣畅意境。

人类迄今为止，还不曾有一项重大的成就不是凭借坚持不懈的精神而实现的。大发明家爱迪生也如是说："我从来不做投机取巧的事情。我的发明除了照相术，也没有一项是由于幸运之神的光顾。一旦我下定决心，知道我应该往哪个方向努力，我就会勇往直前，一遍一遍地试验，直到产生最终的结果。"

要成功，就要强迫自己一件一件地去做，并从最困难的事做起。有一个美国作家在编辑《西方名作》一书时，应约撰写 102 篇文章，这项工作花了他两年半的时间。加上其他一些工作，他每周都要干整整 7 天。他没有从最容易阐述的文章入手，而是给自己定下一个规矩：严格地按照字母顺序进行，绝不允许跳过任何一个自感费解的观点。另外，他始终坚持每天

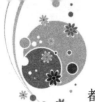

都首先完成困难较大的工作,再干其他的事。事实证明,这样做是行之有效的。

莎士比亚说:"斧头虽小,但多次砍劈,终能将一棵挺拔的大树砍倒。"如果能每天学习一小时,并坚持十二年,所学到的东西,一定远比坐在学校里混日子的人所学到的多。正如布尔沃所说的:"恒心与忍耐力是征服者的灵魂,它是人类反抗命运、个人反抗世界、灵魂反抗物质的最有力支持。"

心灵悄悄话
XIN LING QIAO QIAO HUA

"登泰山而小天下",这是成功者的境界,如果达不到这个高度,就不会有这个视野。但是,若想到达这种境界亦非易事,人们从岱庙前起步上山,进中天门,入南天门,上十八盘,登玉皇顶,这一步步拾级而上,起初倒觉轻松,但愈到上面便愈感艰难。

没有梦想,生命将会枯竭

很难说什么是办不到的事情,因为昨天的梦想,可能是今天的希望,并且还可能成为明天的现实。

网易创始人丁磊曾说过:"虽然每一个人的天赋有差别,但作为一个年轻人,首先要有理想和目标。尤其是年轻人,无论工作单位怎么变动,重要的是要怀抱理想,而且决不放弃努力。"

梦想是我们每一个人行进的方向,它指导着我们一直向前,让我们有目标和动力。你可以没有经验,也可以没有学识,但你不能没有梦想。没有梦想的人生是空洞的,没有梦想的人生是茫然的。没有梦想,你不知道为什么而活,为什么而奋斗。生命的意义就在于拥有梦想,并朝着它一步步地走近。哪怕这个梦想是想做一手好菜或写一篇好文章。梦想不在于大小,而在于你有没有。因为有梦想我们更容易接近成功,而当你没有梦想,你就发现做什么都好难。生命缺少了阳光会淡然失色,人生缺少了梦想会空洞无味。

梦想不等于空想,更不是幻想。所谓梦想,就是要对人生立下一个终生奋斗的目标。要有梦想并不难,难的是始终不动摇,并且努力地、坚定不移地去实现它。

美国某个小学的作文课上,老师给小朋友的作文题目是:"我的志愿"。

一位小朋友非常喜欢这个题目,在他的作文本上,飞快地写下他的梦想。他希望将来自己能拥有一座占地十余公顷的庄园,在庄园上植满如茵的绿草。庄园中有无数的小木屋、烤肉区及一座休闲旅馆。除了自己住在那儿外,还可以和前来参观的游客分享自己的庄园,有住处供他们歇息。

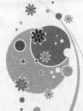

写好的作文经老师过目,这位小朋友的作文本上被划了一个大大的红"×",发回到他手上,老师要求他重写。

小朋友仔细看了看自己所写的内容,并无错误,便拿着作文本去请教老师。

老师告诉他:"我要你们写下自己的志愿,而不是这些如梦呓般的空想,我要实际的志愿,而不是虚无的幻想,你知道吗?"

小朋友据理力争:"可是,老师,这真的是我的梦想啊!"

老师也坚持:"不,那不可能实现,那只是一堆空想,我要你重写。"

小朋友不肯妥协:"我很清楚,这才是我真正想要的,我不愿意改掉我梦想的内容。"

老师摇头:"如果你不重写,我就不让你及格了,你要想清楚。"

小朋友也跟着摇头,不愿重写,而那篇作文也就得到了大大的一个"F"。

事隔30年之后,这位老师带着一群小学生到一处风景优美的度假胜地旅行,在尽情享受无边的绿草,舒适的住宿及香味四溢的烤肉之余,他望见一名中年人向他走来,并自称曾是他的学生。

这位中年人告诉他的老师,他正是当年那个作文不及格的小学生。如今,他拥有这片广阔的度假庄园,真的实现了儿时的梦想。

老师望着这位庄园的主人,想到自己三十余年来,不敢梦想的教师生涯,不禁喟叹:"三十年来因为我自己的思想局限,不知道用成绩改掉了多少学生的梦想。而你,是唯一保留自己的梦想,没有被我改掉的。"

有梦想并不难,难的是不因为别人的批评和嘲笑一直坚持,难的是付诸行动。

追求梦想,是一个漫长而又艰辛的过程。必须勤奋执着,必须顽强拼搏,必须学习上进,必须超越自己!在追求梦想的时候,有喜怒哀乐,但都是甜的。

没有梦想的人生是暗淡无光的,就像没有方向的船只,随波漂流。为自己寻找一个梦想吧,人生有梦才是精彩的。

伟人改变环境,能人利用环境,凡人适应环境,庸人抱怨环境。是一条龙,就应该拥有一条江,是一头虎就应该拥有一座山,是一只雄鹰就应该拥有一个展翅翱翔的天空,怀抱梦想的我们,就应该有一片施展拳脚的天地。

有一只乌鸦打算飞往东方,途中遇到一只鸽子,二鸟停在一棵树上休息。鸽子看见乌鸦飞得很辛苦,关心地问:"你要飞到哪里去?"乌鸦愤愤不平地说:"其实我不想离开,可是这个地方的居民都嫌我的叫声不好听,所以我想飞到别的地方去。"鸽子好心地告诉乌鸦:"别白费力气了。如果你不改变你的声音,飞到哪里都不会受到欢迎的!"

有许多人总在抱怨身边的环境,但是抱怨的最终结果只会让你越来越无法适应这个环境。如果你无法改变环境,唯一的方法就是改变你自己。通过自身的积极行动,来改变自己;通过改变自己,来改变环境;环境的最终改变,就一定程度上是生活的成功。人和动物最大的区别就在于:人不只是被动地忍受或逃避恶劣的环境。人之所以伟大,是因为人能总结经验教训,有智慧、有计划地去改变环境,把荒山变良田、变贫穷为富有……

英国圣公会主教的墓碑上写着这样的一段话:"当我年轻自由的时候,我的想象力没有任何局限,我梦想改变这个世界;当我渐渐成熟明智的时候,我发现这个世界是不可能改变的,于是我将眼光放得短浅了一些,那就只改变我的国家吧!但是我的国家似乎也是我无法改变的;当我到了迟暮之年,抱着最后一丝希望,我决定只改变我的家庭、我亲近的人——但是,唉!他们根本不接受改变。现在在我临终之际,我才突然意识到:如果起初我只改变自己,接着我就可以依次改变我的家人。然后,在他们的激发和鼓励下,我也许就能改变我的国家。再接下来,谁又知道呢,也许我连整个世界都可以改变。"

只有改变自己才能改变环境,有人说改变不了环境,那就改变自己,其实这也是一个改变环境的过程。每个人都有自己的环境。社会环境是由

第七篇 现实与理想

每个人的生存方式构成的。环境究竟会怎样变化？取决于每一分子的力量之间的博弈结果。事实上，我们每个人都生存在特定环境中，并且构成了环境，每一个人的变化都会对环境的变化产生影响，只是人与人的不同，产生的影响大小会有一些差异。但是，每个人都能影响环境是肯定的。比如一些人随手扔垃圾，就可以据此判断这个地方的文明程度低下。这不得不说是影响了我们的环境。

我们虽然生存在同一片蓝天下，其实是生活在不同的环境里。因为环境是相对于每个人而言的，每个人看到的世界并不会完全一样。有的人看得很重要的东西在别人眼中却一文不值。俄国作家索尔尼仁琴说：每一个人都是宇宙的中心，每一个生命的消亡，都是他的宇宙的消亡。叔本华则说，每个人都有自己的世界，每个人在死亡前都会意识到自己世界的末日来临了。因此，他得出的结论就是：世界是我的意志与我的表象。这么来说，你不能改变环境，还能改变什么？你是自己世界环境中最重要的部分，你改变自己，也就是改变环境。

托尔斯泰说："世界上只有两种人：一种是观望者，一种是行动者。大多数人都想改变这个世界，但没人想改变自己。"要改变现状，就得改变自己。要想改变自己，首先要改变自己的观念。一切成就，都是从正确的观念开始的，一连串的失败，也都是从错误的观念开始的。要适应社会，适应变化，便要改变自己。

心灵悄悄话
XIN LING QIAO QIAO HUA

> 柏拉图告诉弟子自己能够移山，弟子们于是纷纷请教方法。柏拉图笑道："很简单，山若不过来，我就过去。"弟子们不禁哑然。世界上本来就没有什么移山术，唯一能够移动山的秘诀就是：山不过来，我便过去。同样的道理，要改变现状，就要改变自己。

洞悉现实的本质

在这充满着意外与巨变的时代,什么才是生存的本质?因时而变,随机而动。懂得变通,你才能适应这个"变"的世界,因此你需要一副高度灵敏的感观系统。

你的感官是否灵敏在于你是否拥有一个灵敏的信息网络,是否对信息具有敏锐的识别与捕捉力。在这个时代,没有什么比及时、全面、准确地获取信息更有价值。我们身边有无数成功的商人,他们的商业传奇往往能给我们提供一些启示。

你可能知道叶松根。他的成功始于台湾经济开始迅速发展的 20 世纪 60 年代后期。刚开始他也只是打工,后来他发现,随着经济水平的提高,台湾的进口摩托车迅速增多,于是他筹措了一点资金开始创办羽田摩托车维修行。叶松根的摩托车修理业务从开业那天起一直十分兴旺。

叶松根的感观十分灵敏,他善于观察和分析,在羽田摩托车维修行的生意兴隆之时,他敏感地察觉以后的市场将会被汽车所代替,据此,他决定在摩托车维修业务基础上,增加汽车维修业务,并自行设厂生产摩托车及汽车零件。果然市场的走势发展如其所料,这使他又增多了赢利。到 20 世纪 70 年代后期,他又进一步创立羽田汽车工业公司,成为台湾最年轻的汽车工业行业的先导。在汽车工业起步之初,他以组装为主,将国外的汽车主要部件如车壳、发动机、底盘等进口,组装为成车出售。后来自己逐步生产一些零部件,把组装业深化,使羽田机械业务范围进一步扩大,成为集团公司。

这就是感观灵敏的优势,它如同下棋一般,世界每行进一步,你便知道它的下一步,甚至第二步,第三步。叶松根对变化的体察并没有停止,在汽

车业绩正好之时,他又觉察到该行业竞争激烈。于是,他将积累的资本向高科技业和服务行业发展。他投资了数千万美元发展航空工业,他认为该行业是高技术高投入的项目,是一般企业无法参与竞争的。与此同时,他又投资竞争激烈的一般服务行业,投入数千万美元办起高岛屋百货。对于这项投资,似乎与投入科技业的想法是矛盾的,但他却认为是文武之道,有张有弛,多样化经营,有回旋余地才能使发展空间广阔。

这是叶松根的商业创意。这一创意令他的业务有了广阔的发展空间,而这项创意正源于他灵敏的感观。

灵敏的感观可以让我们在体察世界时抓住世界的脉动,我们的生活会因此充满新奇的体验。享受这样的体验除了会令我们的行动充满活力外,你的人生创意亦可从此获得。

德国有两个兄弟,雅各布和奥利尔。1948年德国货币改革那一年,他们的母亲逝世,留给他们的只有一个零售小铺,兄弟俩的日子过得很清苦。虽然兄弟二人凭借勤奋扩展了他们的零售铺,还增设了几家小分店,可终究因资金有限,店铺简陋陈旧,他们出售一些罐头、汽水饮料、点心之类,一年下来,所赚无多。兄弟俩都意识到他们缺乏有效的经营策略,于是便决定做市场调查,期望能从中寻得妙招。

他们骑着自行车,周游大街小巷。他们每到一处商店,都要进去转转。一天,兄弟俩来到一家"消费商店"。他们二人注意到这里顾客盈门,商店门外贴着告示,上面写道:凡来本店购物的顾客,只要把发货票保存下来,到年末,可凭发货票免费购买发货款额5%的商品。兄弟俩受到了启发,于是"照猫画虎",在这家商店经营策略的基础上萌生出了自己的想法:从年初就提出降价3%的"高招儿",并且承诺,如果哪位顾客发现他们的商品并非全市最低价可以到商店来请求补偿差价。奇迹出现了,兄弟俩在市内所有分店都是门庭若市,营业额也水涨船高。不仅如此,他们还迅速地扩大经营,把触角伸向外国,多特蒙特、科隆、杜塞尔多夫等地,相继出现了他们的商店。

雅各布和奥利尔兄弟俩的商业创意不可谓不妙,而前提正是他们从别人的经营策略中敏锐地察觉到了这个告示中所蕴含的生财之道。"人无我有，人有我转"，你存在的价值就在你和别人不一样的地方。当别人的视角在此岸时，你就应该把你的眼光放在彼岸，这样，你才能看到更为绚烂的风景，先人一步迈上成功的海岸。

1921 年 6 月 2 日，电报诞生整整 25 周年。美国《纽约时报》对这一历史性的发明，发表了一篇简短的评论，其中有这样一句话：现在人们每年接收的信息是 25 年前的 25 倍。对这一消息，当时在美国至少有 16 个人作出了敏锐的反应，那就是——创办一份文摘性刊物。在 3 个月时间里，这 16 位有先见之明的人士，不约而同地到银行存了 500 美元的法定资本金，并领取了执照。然而当他们到邮政部门办理有关发行手续时，却被告知，该类刊物的征订和发行暂时不能代理，如需代理，至少要等到第二年的中期选举以后。得到这一答复，其中 15 人为了免交执业税，向新闻出版管理部门递交了暂缓执业的申请。只有一位叫德威特·华莱士的年轻人没有理睬这一套。他回到暂住地——纽约的格林尼治村的一个储藏室，和他的未婚妻一起糊了 2000 个信封，装上征订单寄了出去。

在世界邮政史上，这 2000 个信函也许根本不算什么，然而，对世界出版史而言，一个奇迹却诞生了。到 20 世纪末，这两位年轻人创办的这份文摘刊物——《读者文摘》，已拥有 19 种文字、48 个版本，发行范围达 127 个国家和地区，订户 1.1 亿，年收入 5 亿美元，在美国百强期刊排行榜上，几十年来一直位居第一。德威特·华莱士夫妇也一跃成为美国著名的富豪和慈善家。

心灵悄悄话
XIN LING QIAO QIAO HUA

不要做无知无觉的人，人生最大的可能性可以由你的感观来开拓。扩大你的感知范围，可以为你的生活增添无数宝贵的财富。

第七篇　现实与理想

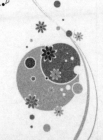

从身边事做起

　　即便是身边最近的路,只要你不去走,也会变成你最遥远的路。珍惜眼前,始于足下,从身边的事做起。

　　千里之行,始于足下。

　　一只新组装好的小钟放在了两只旧钟当中。两只旧钟"滴答滴答"一分一秒地走着。其中一只旧钟对小钟说:"我老了,你也该工作了,可是我有点担心,你走完3200万次以后,恐怕就吃不消了。""天啊,3200万次。"小钟吃惊不已,"要我做这么大的事情? 办不到,办不到!"

　　另一只旧钟说:"别听他胡说八道,不用害怕,你只要每秒钟滴答摆一下就行了。"

　　"天下哪有这么简单的事,"小钟将信将疑,"如果这样,我就试试吧!"

　　小钟很轻松地每秒摆一下,不知不觉中一年过去了,它摆了3200万次。

　　不知不觉中十年过去了,小钟还坚持在自己的岗位上。每个人都渴望梦想成真,成功似乎远在天边遥不可及。如果我们只是一直慨叹,却不付出努力,必然是徒劳的。

　　既然有梦,那么最简单的实现梦想的办法就是想着今天我该做些什么,明天要做些什么,然后努力去完成,就像每秒"滴答"摆一下,成功的喜悦就会慢慢浸润我们的生命。

　　法国少年皮尔从小就喜欢舞蹈,他的梦想是当一名出色的舞蹈演员。

但是由于家贫，家中根本没有多余的钱送他去学舞蹈。皮尔后来去一家缝纫店当学徒，但是他对这门工作十分厌恶，因为他觉得自己是在虚度光阴，他为舞蹈的梦想无法实现而苦恼。他甚至认为与其这样痛苦地活着，还不如早早地结束生命。绝望中的皮尔给他从小就崇拜的有芭蕾音乐之父美誉的布德里写了一封信，信中表达想拜布德里为师的强烈愿望，并且说如果布德里不肯收他这个学生，他只能为艺术献身，准备跳河自尽了。很快，皮尔收到了布德里的回信。皮尔以为布德里被他的执着打动，会答应收下他这个学生。但是信中却没有提收他做学生的事，只是讲述布德里自己的人生经历。布德里告诉皮尔，在他小的时候，很想当一名科学家。可是因为当时家境贫穷，父母无法送他上学，他只得跟一个街头艺人过起了卖唱的日子。

最后，他说，人生在世，现实与梦想总是有一定距离，首先要选择生存。只有好好地活下来，才能让梦想之星闪闪发光。一个连自己的生命都不珍惜的人，是不配谈艺术的。

布德里的回信让皮尔猛然惊醒。

后来，皮尔努力学习缝纫技术。23 岁那年，他在巴黎开始了自己的时装事业。很快，他便建立了自己的公司和服装品牌，也就是如今举世闻名的皮尔卡丹公司。

由于皮尔一心扑在服装设计与经营上，皮尔卡丹公司发展迅速。皮尔在 28 岁的那年就拥有了 200 名雇员。他的顾客中很多都是世界名人。如今，皮尔卡丹品牌不仅拥有服装行业，还有服饰、钟表、眼镜、化妆品等，皮尔卡丹不但成了令人瞩目的亿万富翁，而且以他的名字命名的产品也遍及全球。

皮尔一次接受记者采访时说：其实自己并不具备舞蹈演员的素质，当舞蹈演员，只不过是年少轻狂的一个虚幻的梦想。如果那时他不放弃当舞蹈演员的梦想，就不可能有今天的皮尔卡丹。

每一个人都有自己的梦想，和自己对生活的期盼，也为自己伟大的梦想激动过、苦闷过。

其实,只有勤勤恳恳地做好身边每一件事情,脚踏实地地走好人生的每一步路,才能更快的接近梦想。

我们的人生目标就有如大海,但空谈目标,而不去努力,也会变成空想。

认准方向朝着理想,从小处做起,一步一步地积累着,走下去,这就是成功的秘诀。

心灵悄悄话
XIN LING QIAO QIAO HUA

要想达到目标,使理想成为现实,积累是绝不可少的,而人们往往忽视这一点。古人"不积跬步,无以至千里;不积小流,无以成江海"的话,讲的也是这个道理。无论多么远大的理想,伟大的事业,都必须从小处做起,从平凡处做起。